U0192452

Python Distilled

Python精粹

[美] David M. Beazley 著

卢俊祥 译

电子工业出版社·
Publishing House of Electronics Industry
北京•BEIJING

内 容 简 介

这是一本关于 Python 编程的书。它并不覆盖 Python 的方方面面，其重点是呈现现代且精选的 Python 语言核心，即侧重于 Python 编程本身。这包括抽象实现、程序结构、函数、对象与类型、协议、生成器、I/O、模块等主题，同时对 Python 常用的内置函数及标准库进行了简要介绍。这些内容能够有效帮助 Python 程序员应对各种项目规模的挑战。同时，本书通常会省略那些完全可以通过 IDE 轻松获取的参考内容（例如函数列表、命令名称、参数等），并特意不去描述 Python 编辑器工具、IDE、部署等快速变化的内容及相关问题。

本书适合 Python 程序员及相关科学家、工程师、软件专业人士阅读。

版权贸易合同登记号　图字：01-2022-2791

图书在版编目（CIP）数据

Python 精粹 /（美）大卫·M. 比兹利（David M. Beazley）著；卢俊祥译. —北京：电子工业出版社，2023.4
书名原文：Python Distilled
ISBN 978-7-121-45163-8

Ⅰ. ①P… Ⅱ. ①大… ②卢… Ⅲ. ①软件工具—程序设计 Ⅳ. ①TP311.561

中国国家版本馆 CIP 数据核字（2023）第 036162 号

责任编辑：张春雨
印　　刷：北京虎彩文化传播有限公司
装　　订：北京虎彩文化传播有限公司
出版发行：电子工业出版社
　　　　　北京市海淀区万寿路 173 信箱　邮编：100036
开　　本：787×980　1/16　印张：20.75　字数：416.3 千字
版　　次：2023 年 4 月第 1 版
印　　次：2023 年 9 月第 2 次印刷
定　　价：108.00 元

凡所购买电子工业出版社图书有缺损问题，请向购买书店调换。若书店售缺，请与本社发行部联系，联系及邮购电话：(010) 88254888，88258888。
质量投诉请发邮件至 zlts@phei.com.cn，盗版侵权举报请发邮件至 dbqq@phei.com.cn。
本书咨询联系方式：(010) 51260888-819，faq@phei.com.cn。

译者序

Python Distilled 可以说是 *Python Essential Reference* 的后续，但中间隔了多年，而且新书的内容缩减了一半。之所以如此，作者说是因为 Python 现在已经妇孺皆知，参考资料随处可得，没必要再洋洋洒洒地浪费笔墨纸张了。所以，本书的书名也变了，内容及组织架构也跟之前的书不同了。我把它叫作"清澈的 Python"。其实我觉得也可以叫"无废话的 Python"。但不管怎么叫，我整体上想表达的意思是，这本书直取 Python 编程语言的核心知识点，不像市面上许多 Python 图书那样停留于浅显的内容，并给人留下"Python 好简单啊"的自我陶醉式错觉。

本书越是看到后面，就越能体会其价值：不绕来绕去，还足够深入。所以我说本书内容是清澈、无废话的，它不干扰你的大脑汲取知识。本书最适合想进阶中高级 Python 开发的程序员。同时，由于本书侧重语言核心特性，因此内容不容易过时。

屈指一算，自从我翻译了 *The Little Schemer* 后，差不多有 5 年时间没有翻译图书了。5 年后又接了这本书，也算是一种缘分吧。而人的一生又有多少个 5 年呢？想想不禁唏嘘。

我热爱编程，痴迷编程，Python 就是我特别喜欢的一门编程语言，Python 编程也是我有点儿小得意的技能。很多人说 Python 简单，我说不简单；很多人说 Python 性能有限，我说我还没遇到过 Python 解决不了的问题。总之，你要的是解决问题的称手工具，又不是要一幅裱起来挂在墙上观赏的画。

原书内容中有语焉不详之处，我已尽己所能指出，并进行了完善和更正。但我也可能出错，还请广大读者海涵、指正。

卢俊祥（2gua）

2022 年 10 月 27 日，于福建福州

前言

自我撰写 *Python Essential Reference* 以来，时间已经过去了 20 多年。那时，Python 还是一门非常小众的编程语言，因此第 1 版的 *Python Essential Reference* 也就只装着 Python 标准库的一组实用工具，所以阅读该书并不费脑。该书的第 1 版反映了那个时代 Python 的实际情况。该书本来是一本小书，开发者可以随身携带着它在荒岛或神秘宝库等地方写 Python 代码。在随后的 3 个版本中，*Python Essential Reference* 或多或少地演进为一本紧凑而完整的语言参考书——如果你打算在整个长假里实践 Python 编程的话，那么为什么不把 Python 研究得彻彻底底呢？

今天，距离上一版 *Python Essential Reference* 的出版已经过去了十多年，Python 生态早已今非昔比。Python 不再是一种小众编程语言，它已经成长为世界上最流行的编程语言之一。Python 程序员可以通过手边的高级编辑器、IDE、网页等获取丰富的 Python 帮助信息。事实上，已经没有太大必要查阅参考书，因为你敲几个键就能获取几乎所有想要的参考资料。

要说有什么问题，那就是到处都能搜索信息，Python 的内容又如此之多，这种现实情况带来了一种不同的挑战。如果你刚开始学习或需要解决一个新问题，那么对从何处入手可能会不知所措。[①]同时，将各种工具的功能特性跟语言核心本身区别开来也很困难。而解决此类问题正是本书的出发点。

本书是一本关于 Python 编程的书。它并不覆盖 Python 的方方面面，它的重点是呈现现代且精选的 Python 语言核心。长期向科学家、工程师以及软件专业人士教授 Python 的经历，让我认识到这种知识组织方式非常重要。不过，它也是一本关于编写软件库、拓宽 Python 应用边界及发掘实效技术的图书。

---

① 毕竟信息爆炸时代如何筛选出有效的知识也是一门学问。——译者注

在大多数情况下，本书侧重于 Python 编程本身。这包括抽象实现、程序结构、数据、函数、对象、模块等主题，这些主题能够有效帮助 Python 程序员应对各种项目规模的挑战。而那些可以完全通过 IDE 轻松获取的参考内容（比如函数列表、命令名称、参数等），本书通常会省略。我也特意不去描述 Python 编辑器工具、IDE、部署等快速变化的内容及相关问题。

也许有争议的是，与大型软件项目管理相关的语言特性并非本书重点。Python 有时也用于由数百万行代码组成的大型而重要的项目。此类应用需要专门的工具、设计和功能特性。它们还涉及委员会的设立和各种会议，以及对重大事项做出决定。对于我们这本小书来说，这要求太高了。但也许最实在的原因是，我并不使用 Python 来编写这样的应用程序——你也不应该这样做，至少别养成这种嗜好。[①]

一本书的编写，对于不断发展的语言特性总是有一个界限。本书编写于 Python 3.9 发布时期。因此，它不包括计划在 Python 后续版本中添加的一些主要功能，如结构化模式匹配，这也许是本书后续版本要讲的话题。

最后，但同样重要的是，我认为保持编程乐趣很重要。我希望本书不仅能帮助你成为一名高效的 Python 程序员，还能让你获得某种神奇的魔法，从而能够使用 Python 来探索星辰，在火星上驾驭直升机，以及在后院用水枪喷射松鼠。

鸣谢

我要感谢技术审校 Shawn Brown、Sophie Tabac 和 Pete Fein 提供了很多对改进本书品质有帮助的建议及意见。还要感谢跟我长期合作的编辑 Debra Williams Cauley，感谢她在本书和前几本图书出版过程中所做的工作。许多上过我的课的学生对本书主题的提炼产生了重大的间接影响。最后，但同样很重要，我要感谢 Paula、Thomas 和 Lewis 给予我的支持和爱意。

作者简介

David M. Beazley 是 *Python Essential Reference*（第 4 版，Addison-Wesley，2010 年出版）和 *Python Cookbook*（第 3 版，O'Reilly，2013 年出版）的作者。他目前在自己的

---

① 推测作者这里想要表达的意思是，由于 Python 大型项目需要体系化支撑，"没有金刚钻，就别揽瓷器活儿"，没有过硬的功底和足够的组织力量，就不要轻易尝试此类项目。这里应该没有低估 Python 的意思。——译者注

公司 Dabeaz 教授计算机科学高级课程。自 1996 年以来，他一直在使用及教授 Python，并进行 Python 方面的写作及演讲。

读者服务

微信扫码回复：45163

- 获取书中的链接地址[1]
- 加入 Python 读者交流群，与更多同道中人互动
- 获取【百场业界大咖直播合集】（持续更新），仅需 1 元

---

[1] 本书提供的链接地址，如文中的"网址链接 1""网址链接 2"等，可从此处获取。

目录

Python 基础

本章概述了 Python 语言的核心，涵盖变量、数据类型、表达式、控制流、函数、类以及输入/输出等内容。本章最后还讨论了模块、脚本编写、包以及组织大型程序的一些技巧。本章不会提供每个功能的全面覆盖，也不关心大型 Python 项目需要涉及的工具。不过，有经验的程序员应该能够通过本章内容推断出编写高级程序的一些思路。我鼓励新手在简单的环境（比如借助终端窗口和文本编辑器）中实践示例代码。

1.1　运行 Python

Python 程序由 Python 解释器执行。Python 解释器可以在 IDE、浏览器或终端窗口等各种环境中运行。然而，这一切之下，解释器的核心是一个基于文本的应用程序，它可以通过在诸如 bash 这样的命令行 shell 中键入 python 来启动。由于 Python 2 和 Python 3 可能安装在同一台机器上，我们可能需要键入 python2 或 python3 来选择一个具体版本。本书运行环境设定为 Python 3.8 或更新版本。

当解释器启动时，会出现一个提示，可以在所谓的"读取-求值-输出循环"（Read-Eval-Print Loop，REPL）交互式编程环境中输入程序代码。例如，在以下输出中，解释器显示其版权信息并向用户显示>>>提示符，用户在该提示符下键入熟悉的"Hello World"程序：

```
Python 3.8.0 (default, Feb 3 2019, 05:53:21)
[GCC 4.2.1 Compatible Apple LLVM 8.0.0 (clang-800.0.38)] on darwin
Type "help", "copyright", "credits" or "license" for more information.
>>> print('Hello World')
Hello World
>>>
```

某些环境可能会显示不同的提示符。下面的输出来自 ipython（Python 的另一种

shell）：

```
Python 3.8.0 (default, Feb 4, 2019, 07:39:16)
Type 'copyright', 'credits' or 'license' for more information
IPython 6.5.0 -- An enhanced Interactive Python. Type '?' for help.

In [1]: print('Hello World')
Hello World

In [2]:
```

　　不管输出的确切形式是什么，基本原理都是一样的。键入一个命令，命令就执行，然后立即看得到输出。

　　Python 的交互模式是其最有用的特性之一，因为可以键入任何有效的语句并立即看到结果。这对于调试和试验非常有用。许多人，包括我，使用交互式 Python 作为桌面计算器。例如：

```
>>> 6000 + 4523.50 + 134.25
10657.75
>>> _ + 8192.75
18850.5
>>>
```

　　当以交互方式使用 Python 时，变量_保存上次操作的结果。如果你想在后续语句中使用该结果，这就很有用。该变量仅在交互工作时定义，所以不要在已保存的程序中使用它。

　　你可以通过键入 quit()或 EOF（文件结束）字符退出交互式解释器。在 UNIX 操作系统中的 EOF 是 Ctrl+D 组合键；在 Windows 操作系统中，则是 Ctrl+Z 组合键。

1.2　Python 程序

　　如果想要创建能够反复运行的程序，则需要将语句放在文本文件里，比如：

```
# hello.py
print('Hello World')
```

　　Python 源文件是 UTF-8 编码的文本文件，通常带有 .py 后缀。#字符表示注释，注释一直作用至行尾。只要使用 UTF-8 编码，就可以在源代码中自由使用国际化（Unicode）字符（这也是大多数编辑器的缺省设置。如果不确定，可以检查一下编辑器的设置）。

　　要执行 hello.py 文件，请按如下方式向解释器提供文件名：

```
shell % python3 hello.py
Hello World
shell %
```

通常在程序的第一行使用#!来指定解释器，像这样：

```
#!/usr/bin/env python3
print('Hello World')
```

在 UNIX 上，如果赋予了该文件执行权限（如通过 chmod +x hello.py 命令），就可以在 shell 中输入 hello.py 来运行该程序。

在 Windows 上，可以双击一个 .py 文件，或者在 Windows "开始" 菜单的 Run（运行）命令中键入程序的名称来启动它。#!行（如果给定）用于选择解释器版本（Python 2 或 Python 3）。有时在运行控制台窗口程序时，运行窗口在程序执行完成后立即消失，我们根本来不及观察到结果。因此，为了进行调试，最好在 Python 开发环境中运行程序。

解释器按顺序执行语句，直到到达输入文件的末尾。这时，程序终止，Python 退出。

1.3 基本类型、变量与表达式

Python 提供了一系列基本类型，如整数、浮点数和字符串。

```
42          # int
4.2         # float
'forty-two' # str
True        # bool
```

变量是一个名称，其引用一个值。值代表某个类型的对象：

```
x = 42
```

有时，你可能想明确表述附着于名称的类型，例如：

```
x: int = 42
```

类型仅仅是提高代码可读性的一个提示。它可以被第三方代码检查工具使用。若无他用，则可以完全忽视它。它也不会阻止你以后分配不同类型的值。

表达式是基本类型、名称和运算符的组合，它生成一个结果值：

```
2 + 3 * 4    # -> 14
```

下面的程序使用变量和表达式来执行复利[①]计算：

```
# interest.py

principal = 1000   # 初始金额
rate = 0.05        # 利率
numyears = 5       # 年数
year = 1
while year <= numyears:
    principal = principal * (1 + rate)
    print(year, principal)
    year += 1
```

输出结果如下：

```
1 1050.0
2 1102.5
3 1157.625
4 1215.5062500000001
5 1276.2815625000003
```

while 语句测试紧接 while 后的条件表达式。如果测试的条件为真，则执行 while 语句体。然后重新测试条件，并再次执行主体，直到条件变为假。循环体用缩进来表示。如此，在 interest.py 文件中，while 后面的三个语句在每次迭代中执行。Python 并不指定所需缩进的数量，只要缩进在块内一致即可。但是，最佳实践是每个缩进级别使用四个空格。

interest.py 程序的一个问题是输出不是很漂亮。为了美观一些，可以将列右对齐，并将 principal 的精度限制为两位数。将 print()函数改为使用所谓的 *f-string*：

```
print(f'{year:>3d} {principal:0.2f}')
```

在 f-string 中，变量名和表达式可以用花括号括起来计算。可选地，每个占位都可以附加一个格式化说明符。>3d 表示一个向右对齐的三位十进制数。0.2f 表示一个具有小数点后两位精度的浮点数。关于这些格式化代码的更多信息可以在第 9 章找到。

现在程序的输出看起来像这样：

```
1 1050.00
2 1102.50
3 1157.62
4 1215.51
5 1276.28
```

---

① 复利：金融术语。俗称"利滚利"。——译者注

1.4　算术运算符

Python 有一组标准的数学运算符，如表 1.1 所示。这些运算符的含义与大多数其他编程语言中的含义相同。

表 1.1　算术运算符

操　　作	描　　述
x + y	加
x - y	减
x * y	乘
x / y	除
x // y	截断除法
x ** y	幂运算（x 的 y 次幂）
x % y	取模（x mod y，表示 x 除以 y 的余数），取余
-x	一元负号
+x	一元正号

除法运算符（/）应用于整数时会产生一个浮点数，因此，7 / 4 是 1.75。截断除法运算符//也被称为向下取整除法[①]，将结果截断为整数，适用于整数和浮点数。

取模运算符返回除法 x // y 的余数，例如，7 % 4 是 3；对于浮点数，取模运算符返回 x // y 的浮点余数，即 x - (x // y) * y。

此外，表 1.2 中的内置函数提供了一些更常用的数值运算。

表 1.2　常用数学函数

函　　数	描　　述
abs(x)	求绝对值
divmod(x,y)	返回(x // y, x % y)
pow(x,y [,modulo])	如果省略参数 modulo，则返回 x 的 y 次幂；如果有参数 modulo，则返回(x ** y) % modulo
round(x,[n])	结果舍入到最接近的 10 的负 n 次幂的倍数[②]

round()函数实现了"银行家舍入法"。如果待舍入的值同样接近两个倍数值，则将

[①] 也被称为"地板除""底除法"。——译者注

[②] 原文："Rounds to the nearest multiple of 10 to the nth power"应该有误，本书这里已修正。可参考 Python 官方文档中的内容："values are rounded to the closest multiple of 10 to the power minus *ndigits*"（网址链接 1）。——译者注

其舍入到最接近的偶数倍数值（例如，0.5 舍入为 0.0，1.5 舍入为 2.0）。[①]

整数提供了一些额外的运算符来支持位操作，如表 1.3 所示。

表 1.3　位运算符

操　作	描　述
x << y	左移
x >> y	右移
x & y	位与
x | y	位或
x ^ y	位异或（XOR：Exclusive OR，异或）
~x	按位取反

开发者通常用这些运算符来处理二进制整数。例如：

```
a = 0b11001001
mask = 0b11110000
x = (a & mask) >> 4    # x = 0b1100 (12)
```

在本例中，0b11001001 采用的是二进制的整数值表示方式。你可以把它写成十进制的 201 或十六进制的 0xc9，但如果你在处理位，二进制更容易让处理形象化。

位运算符的语义设定整数使用二进制补码表示，并且符号位向左无限扩展。如果有用于映射到硬件上本机整数的原始位模式要处理，则需要小心，这是因为 Python 不会截断位，也不会溢出值；相反，结果将呈数量级任意增大。开发者要自行确保结果大小正确，并自行处理截断。

要比较数字，请使用表 1.4 中的比较运算符。

表 1.4　比较运算符

操　作	描　述
x == y	等于
x != y	不等于
x < y	小于
x > y	大于
x >= y	大于或等于
x <= y	小于或等于

比较的结果是布尔值 True 或 False。

---

① Python 的 round()函数还是有一些值得注意的地方，这里的描述比较简略。详细信息可参考 Python 官方文档（网址链接 1）。——译者注

and、or 和 not 运算符（不要与上面的位运算符混淆）可以组合成更复杂的布尔表达式。这些运算符的行为如表 1.5 所示。

如果一个值字面上为 False、None，或者在数字上为零或为空，则该值被认为是"假"；否则，它被认为是"真"。

表 1.5   逻辑运算符

操　　作	描　　述
x or y	如果 x 为假值，返回 y；否则，返回 x
x and y	如果 x 为假值，返回 x；否则，返回 y
not x	如果 x 为假值，返回 True；否则，返回 False

编写更新值的表达式是很常见的操作。例如：

```
x = x + 1
y = y * n
```

对于以上这样的操作，可以用以下的短操作代替：

```
x += 1
y *= n
```

这种简短更新形式可以与任何+、-、*、**、/、//、%、&、|、^、<<、>>运算符一起使用。Python 中没有其他一些语言中的递增（++）或递减（--）运算符。

1.5　条件与控制流

while、if 和 else 语句用于循环和条件代码执行。这是一个例子：

```
if a < b:
    print('Computer says Yes')
else:
    print('Computer says No')
```

if 和 else 子句的主体用缩进来表示。else 子句是可选的。要创建空子句，可以使用 pass 语句，如下所示：

```
if a < b:
    pass     # 什么都不做
else:
    print('Computer says No')
```

要处理多个测试用例，请使用 elif 子句：

```
if suffix == '.htm':
    content = 'text/html'
elif suffix == '.jpg':
    content = 'image/jpeg'
elif suffix == '.png':
    content = 'image/png'
else:
    raise RuntimeError(f'Unknown content type {suffix!r}')
    # 新式的 Python 3 简单格式化器缺省调用对象的__format__()方法来呈现内容。如果只想呈现
    # str(...)或 repr(...)的输出，则可以使用!s 或!r 转换标志。
```

如果你对一个值和一个测试一起赋值，则可以使用一个条件表达式：

```
maxval = a if a > b else b
```

这与以下较长的写法等效：

```
if a > b:
    maxval = a
else:
    maxval = b
```

有时你可能会看到使用:=运算符将变量和条件赋值结合在一起。这被称为赋值表达式（或者被更通俗地称为"海象操作符"，因为:=看起来像一头海象翻了个身——大概是装死的样子）。例如：

```
x = 0
while (x := x + 1) < 10:     # 打印：1, 2, 3, …, 9
    print(x)
```

赋值表达式周围的圆括号总是必需的。

break 语句可用于提前中止循环。它只适用于最内层的循环。例如：

```
x = 0
while x < 10:
    if x == 5:
        break      # 中止循环，跳到下面的打印"Done"语句
    print(x)
    x += 1
print('Done')
```

continue 语句跳过循环体的其余部分，返回到循环的顶部。例如：

```
x = 0
while x < 10:
    x += 1
    if x == 5:
```

```
    continue    # 略过 print(x)，直接返回到循环开始处（while 处）
  print(x)
print('Done')
```

1.6　文本串

要定义字符串字面量，用单引号、双引号或三引号将其括起来，如下所示：

```
a = 'Hello World'
b = "Python is groovy"
c = '''Computer says no.'''
d = """Computer still says no."""
```

一个字符串开始与结束的引号类型必须一致。单引号和双引号字符串必须在一个逻辑行上指定文本串；而三引号字符串则没有这个限制，它可以捕获所有文本，直到三引号结束位置。当字符串文字内容跨越多行时，三引号字符串很有用：

```
print('''Content-type: text/html

<h1> Hello World </h1>
Click <a href="http://www.python.org">here</a>.
''')
```

相邻的字符串字面量可以被连接成一个字符串。因此，上面的例子也可以写成：

```
print(
'Content-type: text/html\n'
'\n'
'<h1> Hello World </h1>\n'
'Clock <a href="http://www.python.org">here</a>\n'
)
```

如果字符串的前引号以 f 开头，则对字符串中的转义表达式进行计算。例如，在早前的一个示例中，下面的语句用于输出一个计算的值：

```
print(f'{year:>3d} {principal:0.2f}')
```

虽然只是使用简单的变量名，但是可以出现任何有效的表达式。例如：

```
base_year = 2020
...
print(f'{base_year + year:>4d} {principal:0.2f}')
```

作为 f-string 的替代，**format()** 方法和 **%** 运算符有时也用来格式化字符串。例如：

```
print('{0:>3d} {1:0.2f}'.format(year, principal))
```

```
print('%3d %0.2f' % (year, principal))
```

关于字符串格式化的更多信息见第 9 章。

字符串以 Unicode 字符序列的形式存储，以整数为索引，从 0 开始。负索引是从字符串末尾开始的索引。字符串 s 的长度使用 len(s) 计算。要提取单个字符，可使用索引运算符 s[i]，其中 i 是索引。

```
a = 'Hello World'
print(len(a))      # 11
b = a[4]           # b = 'o'
c = a[-1]          # c = 'd'
```

要提取子字符串，使用切片操作符 s[i:j]。它从 s 中提取索引 k 在 i <= k < j 范围内的所有字符。如果省略任何一个索引，则分别假定字符串的开头或结尾：

```
c = a[:5]    # c = 'Hello'
d = a[6:]    # d = 'World'
e = a[3:8]   # e = 'lo Wo'
f = a[-5:]   # f = 'World'
```

字符串有很多方法来操作自身的内容。例如，replace() 方法执行一个简单的文本替换：

```
g = a.replace('Hello', 'Hello Cruel')    # f = 'Hello Cruel World'
```

表 1.6 显示了一些常见的字符串方法。在这里和其他地方，方括号内的参数均是可选的。

表 1.6   常用的字符串方法

方　　法	描　　述
s.endswith(prefix [,start [,end]])	检查字符串是否以 prefix 结束
s.find(sub [, start [,end]])	查找指定子字符串 sub 的首次出现位置。如果没有找到，则返回 -1
s.lower()	将字符串转换为小写的
s.replace(old, new [,maxreplace])	替换子串
s.split([sep [,maxsplit]])	用 sep 作为分隔符来拆分字符串。maxsplit 是执行拆分的最大次数
s.startswith(prefix [,start [,end]])	检查字符串是否以 prefix 开头
s.strip([chrs])	删除开头和结尾的空白或在 chrs 中提供的字符
s.upper()	将字符串转换为大写的

字符串用加号（+）运算符连接。

```
g = a + 'ly'    # g = 'Hello Worldly'
```

Python 从不隐式地将字符串的内容解释为数字数据。因此，+总是连接字符串：

```
x = '37'
y = '42'
z = x + y    # z = '3742' （字符串连接）
```

要执行数学计算，首先必须使用 int()或 float()等函数将字符串转换为数值。例如：

```
z = int(x) + int(y)    # z = 79 （整数相加）
```

可以使用 str()、repr()或 format()函数将非字符串值转换为字符串表示形式。这里有一个例子：

```
s = 'The value of x is ' + str(x)
s = 'The value of x is ' + repr(x)
s = 'The value of x is ' + format(x, '4d')
```

虽然 str()和 repr()都创建字符串，但它们的输出通常是不同的。str()生成的内容用于 print()函数输出；而 repr()创建一个字符串，这个字符串是你输入程序的，以准确表示一个对象的值。例如：

```
>>> s = 'hello\nworld'
>>> print(str(s))
hello
world
>>> print(repr(s))
'hello\nworld'
>>>
```

在调试时，使用 repr(s)来产生输出，因为它会显示关于值及其类型的更多信息。

format()函数的作用是将单个值转换为应用特定格式的字符串。例如：

```
>>> x = 12.34567
>>> format(x, '0.2f')
'12.35'
>>>
```

传递给 format()函数的格式化代码与生成格式化输出时使用 f-string 的代码相同。例如，上面的代码可以用下面的代码替换：

```
>>> f'{x:0.2f}'
'12.35'
>>>
```

1.7　文件输入与输出

以下程序打开一个文件并逐行读取其内容作为文本字符串：

```python
with open('data.txt') as file:
    for line in file:
        print(line, end='')    # end='' 忽略额外的换行符
```

open()函数返回一个新的文件对象。前面的 with 语句声明了一个语句块（或上下文），该文件（file）将在该语句块中使用。一旦控件离开该块，文件将自动关闭。如果不使用 with 语句，代码应该如下所示：

```python
file = open('data.txt')
for line in file:
    print(line, end='')    # end='' 忽略额外的换行符
file.close()
```

开发者很容易忘记调用 close()的额外步骤，所以最佳实践是使用 with 语句并自动关闭文件。

for 循环逐行遍历文件，直到没有可读的数据为止。

如果想将整个文件读取为一个字符串，使用 read()方法，如下所示：

```python
with open('data.txt') as file:
    data = file.read()
```

如果想以块的形式读取一个大文件，那么向 read()方法提供如下的大小提示：

```python
with open('data.txt') as file:
    while (chunk := file.read(10000)):
        print(chunk, end='')
```

在这个例子中使用的:=运算符给一个变量（chunk）赋值并返回它的值，以便 while 循环可以测试它，以退出循环。当到达文件末尾时，read()返回一个空字符串。编写上述函数的另一种方法是使用 break：

```python
with open('data.txt') as file:
    while True:
        chunk = file.read(10000)
        if not chunk:
            break
        print(chunk, end='')
```

要将程序的输出转换为文件，请向 print()函数提供 file 参数：

```
with open('out.txt', 'wt') as out:
    while year <= numyears:
        principal = principal * (1 + rate)
        print(f'{year:>3d} {principal:0.2f}', file=out)
        year += 1
```

此外，文件对象支持 **write()** 方法，该方法可用于写入字符串数据。例如，前面示例中的 **print()** 函数可以这样编写：

```
out.write(f'{year:3d} {principal:0.2f}\n')
```

缺省情况下，文件包含 UTF-8 编码的文本。如果使用不同的文本编码，在打开文件时使用额外的 **encoding** 参数。例如：

```
with open('data.txt', encoding='latin-1') as file:
    data = file.read()
```

有时，我们可能希望读取在控制台中交互输入的数据。为此，使用 **input()** 函数。例如：

```
name = input('Enter your name : ')
print('Hello', name)
```

input() 函数返回所有输入的文本，直到终止换行符为止，该换行符不包括在内。

1.8　列表

列表是任意对象的有序集合。通过将值括在方括号中来创建列表：

```
names = [ 'Dave', 'Paula', 'Thomas', 'Lewis' ]
```

列表以整数为索引，从 0 开始。使用索引运算符访问和修改列表中的单个项：

```
a = names[2]        # 返回列表中的第三项：'Thomas'
names[2] = 'Tom'    # 改变第三项为：'Tom'
print(names[-1])    # 打印最后一项：'Lewis'
```

要将新项目附加到列表的末尾，使用 **append()** 方法：

```
names.append('Alex')
```

要在列表中的特定位置插入项目，使用 **insert()** 方法：

```
names.insert(2, 'Aya')
```

要遍历列表中的项目，使用 **for** 循环：

```
for name in names:
    print(name)
```

你可以使用切片运算符来提取或重新赋值一个列表的一部分:

```
b = names[0:2]         # b -> ['Dave', 'Paula']
c = names[2:]          # c -> ['Aya', 'Tom', 'Lewis', 'Alex']
names[1] = 'Becky'     # 用'Becky'替换'Paula'
names[0:2] = ['Dave', 'Mark', 'Jeff']    # 用['Dave','Mark','Jeff']替换头两项
```

使用加号 (+) 运算符连接列表:

```
a = ['x','y'] + ['z','z','y']     # 结果是: ['x','y','z','z','y']
```

有两种创建空列表的方式:

```
names = []         # 空列表
names = list()     # 空列表
```

为空列表指定[]更符合习惯。list 是与列表类型关联的类名称。最常见的使用场景是执行数据到列表的转换。例如:

```
letters = list('Dave')    # letters = ['D', 'a', 'v', 'e']
```

大多数时候,列表中的所有项目都是相同类型的(例如,一个数字列表或一个字符串列表)。然而,列表可以包含任何 Python 对象的组合,包括其他列表,如下例所示:

```
a = [1, 'Dave', 3.14, ['Mark', 7, 9, [100, 101]], 10]
```

嵌套列表中包含的项目可以通过应用多个索引操作来访问:

```
a[1]          # 返回'Dave'
a[3][2]       # 返回 9
a[3][3][1]    # 返回 101
```

下面的程序 pcost.py 演示了如何将数据读入一个列表并执行一个简单的计算。在该例中,假定文本行包含用逗号分隔的值。该程序计算两列乘积的和。

```
# pcost.py
#
# 以'NAME,SHARES,PRICE'形式读取文本行
# 例如:
# SYM,123,456.78
import sys

if len(sys.argv) != 2:
    raise SystemExit(f'Usage: {sys.argv[0]} filename')
```

```
rows = []
with open(sys.argv[1], 'rt') as file:
    for line in file:
        rows.append(line.split(','))

# rows 是以下形式的列表
# [
# ['SYM', '123', '456.78']
# ...
# ]

total = sum([ int(row[1]) * float(row[2]) for row in rows ])
print(f'Total cost: {total:0.2f}')
```

该程序的第一行使用 import 语句从 Python 库中加载 sys 模块。我们通过该模块来获取 sys.argv 列表中的命令行参数。首先要检查一下，确保提供了一个文件名。如果未提供文件名，则抛出 SystemExit 异常及有用的错误消息。在此消息中，{sys.Argv[0]}插入正在运行的程序的名称。

open()函数使用命令行参数中指定的文件名。for line in file 循环逐行读取文件，再使用逗号作为分隔符，将每一行文本拆分成一个小列表。此列表被追加到 rows 中。rows 的最终结果是一个包含列表的列表——请记住，列表可以包含任何内容，当然也就可以包括其他列表。

表达式[int(row[1]) * float(row[2]) for row in rows]遍历 rows 中的所有子列表，并依次计算每个子列表的第二项和第三项的乘积，然后以各个乘积构造一个新列表。这种构建列表的有用技术被称为列表解析（List Comprehension，或被称为"列表推导"）。同样的计算可以更详细地表示如下：

```
values = []
for row in rows:
    values.append(int(row[1]) * float(row[2]))
total = sum(values)
```

在 Python 编程中，作为一般规则，列表解析式是执行简单计算的首选技术。内置的 sum()函数计算一个序列中所有项目的和。

1.9　元组

要创建简单的数据结构，可以将一组值打包到被称为元组的不可变对象中。通过将一组值括在括号中来创建一个元组：

```
holding = ('GOOG', 100, 490.10)
address = ('www.python.org', 80)
```

姑且把事情说透，还可以定义零个和一个元素的元组，但是有特殊的语法：

```
a = ()        # 0-tuple （空元组）
b = (item,)   # 1-tuple （注意尾部的逗号）
```

元组中的值可以像列表一样通过数字索引提取。然而，更常见的做法是将元组解构为一组变量，就像这样：

```
name, shares, price = holding
host, port = address
```

虽然元组支持与列表相同的大部分操作（如索引、切片和连接），但元组的元素在创建之后便不能更改——也就是说，不能替换、删除或向现有元组追加新元素。元组最好被视为一个由多个部分组成的单一不可变对象，而不是像列表那样的不同对象的集合。

元组和列表经常搭配使用来表示数据。例如，以下这个程序演示了如何读取包含逗号分隔数据列的文件：

```
# 文件中的文本行形式为"name,shares,price"

filename = 'portfolio.csv'
portfolio = []
with open(filename) as file:
    for line in file:
        row = line.split(',')
        name = row[0]
        shares = int(row[1])
        price = float(row[2])
        holding = (name, shares, price)
        portfolio.append(holding)
```

portfolio 结果列表看起来像一个由行和列组成的二维数组。每一行都由一个元组表示，访问方式如下：

```
>>> portfolio[0]
('AA', 100, 32.2)
>>> portfolio[1]
('IBM', 50, 91.1)
>>>
```

可以像下面这样访问单个数据项：

```
>>> portfolio[1][1]
50
>>> portfolio[1][2]
91.1
>>>
```

下面演示了如何遍历所有记录，并将字段解构到一组变量中：

```
total = 0.0
for name, shares, price in portfolio:
    total += shares * price
```

或者，还可以使用列表解析式：

```
total = sum([shares * price for _, shares, price in portfolio])
```

当迭代元组时，可以使用变量_来表示一个被丢弃的值。在上面的计算中，它意味着我们忽略了第一项（名称）。

1.10 Set

Set[①]是唯一对象的无序集合。Set 用于寻找不同的值或管理与成员关系相关的问题。要创建 Set，请将一组值用花括号括起来，或将现有集合传递给 set() 函数。例如：

```
names1 = { 'IBM', 'MSFT', 'AA' }
names2 = set(['IBM', 'MSFT', 'HPE', 'IBM', 'CAT'])
```

Set 的元素通常局限于不可变对象。例如，你可以创建数字、字符串或元组的 Set。但是，你不能创建包含列表的 Set。大多数常见的对象可能会遇到使用 Set 的场景；然而，当对不可变性有疑问时，请动手尝试一下。

不同于列表和元组，Set 是无序的，不能用数字索引。而且，Set 中的元素永远不会重复。例如，如果检查前面代码中 names2 的值，将得到以下结果：

```
>>> names2
{'CAT', 'IBM', 'MSFT', 'HPE'}
>>>
```

注意到 'IBM' 只出现一次。此外，项目的顺序是无法预测的，因此这里的输出顺序可能与你所显示的有所不同。甚至对于同一台计算机上同一个解释器的不同运行批次，结

---

① Set 在 Python 中是特定的数据结构，为避免跟 Collection 在字面上相混淆，本书直接用 Set 表示该数据结构，而"集合"字眼通常指一组值的集合（Collection）。——译者注

果的顺序都可能发生变化。

　　如果使用现有数据，还可以使用 Set 解析式（Set Comprehension）创建 Set。例如，下列语句将 1.9 节数据中的所有股票名称转换为一个 Set：

```
names = { s[0] for s in portfolio }
```

　　要创建空 Set，请使用不带参数的 set()函数：

```
r = set()    # 初始化空 Set
```

　　Set 支持一组标准的操作，包括并、交、差和对称差。这里有一个例子：

```
# t = set(['IBM', 'MSFT', 'HPE', 'IBM', 'CAT'])
# s = { 'IBM', 'MSFT', 'AA' }

a = t | s    # Union {'MSFT', 'CAT', 'HPE', 'AA', 'IBM'},并操作
b = t & s    # Intersection {'IBM', 'MSFT'},交操作
c = t - s    # Difference { 'CAT', 'HPE' },差操作
d = s - t    # Difference { 'AA' },差操作
e = t ^ s    # Symmetric difference { 'CAT', 'HPE', 'AA' },对称差操作
```

　　s - t 差操作给出存在于 s 但不存在于 t 的元素，即 s 中独有的元素。t ^ s 对称差操作给出仅存于 t 或仅存于 s 的元素。

　　新项目可以通过 add()或 update()函数添加到一个 Set 中。

```
t.add('DIS')                        # 添加单个项目到 t
s.update({'JJ', 'GE', 'ACME'})      # 添加多个项目到 s
```

　　remove()或 discard()函数移除一个项目：

```
t.remove('IBM')      # 移除'IBM'项目；如果 Set 中不存在该元素，则引发一个 KeyError 异常
s.discard('SCOX')    # 如果存在，则移除'SCOX'项目
```

　　remove()和 discard()之间的区别在于，如果项目不存在，discard()不会引发异常。

1.11　字典

　　字典（Dictionary）是键和值之间的映射。可以通过花括号（{}）将键-值对括起来，以创建一个字典。每个键-值对之间用逗号隔开，而键-值对用冒号隔开键与值，如下所示：

```
s = {
```

```
    'name': 'GOOG',
    'shares': 100,
    'price': 490.10
}
```

要访问字典的成员，请使用以下索引操作符：

```
name = s['name']
cost = s['shares'] * s['price']
```

插入或修改对象：

```
s['shares'] = 75
s['date'] = '2007-06-07'
```

字典是定义命名字段所组成对象的一种有用方法。然而，字典也通常被用作对无序数据执行快速查找的映射。例如，这是一个股票价格字典：

```
prices = {
    'GOOG': 490.1,
    'AAPL': 123.5,
    'IBM': 91.5,
    'MSFT': 52.13
}
```

有了这么一个字典，就可以查找价格：

```
p = prices['IBM']
```

字典成员可以用 in 运算符测试：

```
if 'IBM' in prices:
    p = prices['IBM']
else:
    p = 0.0
```

还可以使用 get()这个紧凑方法执行上面这个特定的步骤序列：

```
p = prices.get('IBM', 0.0)    # 如果'IBM'键存在，就返回 prices['IBM']，否则返回 0.0
```

使用 del 语句删除字典中的一个元素：

```
del prices['GOOG']
```

虽然字符串是最常见的键类型，但也可以将其他 Python 对象用作键，包括数字和元组。例如，元组通常用于构造复合键：

```
prices = {}
prices[('IBM', '2015-02-03')] = 91.23
```

```
prices['IBM', '2015-02-04'] = 91.42    # 括号被忽略了
```

很多类型的对象都可以放入字典，包括其他字典。但是，列表、Set 和字典等可变数据结构不能用作键。

字典经常被用作各种算法和数据处理场景的构建块。其中一个应用场景就是表格。例如，以下代码展示了如何计算早前数据中每个股票名称对应的股票总数：

```
portfolio = [
    ('ACME', 50, 92.34),
    ('IBM', 75, 102.25),
    ('PHP', 40, 74.50),
    ('IBM', 50, 124.75)
]

total_shares = { s[0]: 0 for s in portfolio }
for name, shares, _ in portfolio:
    total_shares[name] += shares

# total_shares = {'IBM': 125, 'ACME': 50, 'PHP': 40}
```

这里的`{ s[0]: 0 for s in portfolio }`是字典解析式的一个例子。它从另一个数据集合创建一个键-值对字典。在这里，该解析式创建了一个初始字典，将股票名称（键）映射到 0（值）。接下来的 `for` 循环语句遍历 `portfolio` 列表并将每只股票代码的所有持有股数相加。

对于许多常见的数据处理任务，库模块里已经提供了现成实现。比如对于当前这个任务，`collections` 模块有一个 Counter 对象可用：

```
from collections import Counter

total_shares = Counter()
for name, shares, _ in portfolio:
    total_shares[name] += shares

# total_shares = Counter({'IBM': 125, 'ACME': 50, 'PHP': 40})
```

有两种创建空字典的方法：

```
prices = {}         # 空字典
prices = dict()     # 空字典
```

对于创建空字典，使用{}可能更加符合 Pythonic 方式——但需要注意一点，因为它可能看起来像试图创建一个空 Set（其实，使用 set()才创建空 Set）。dict()通常用于以键-值对形式创建字典。例如：

```
pairs = [('IBM', 125), ('ACME', 50), ('PHP', 40)]
d = dict(pairs)
```

要获取字典的键列表，可直接将字典转换为列表：

```
syms = list(prices)    # syms = ['AAPL', 'MSFT', 'IBM', 'GOOG']
```

或者可以使用 `dict.keys()`来获取键：

```
syms = prices.keys()
```

这两个方法之间的区别在于 `keys()`返回一个特殊的"键视图"，该视图被附加到原始字典，并主动反映对字典所做的更改。例如：

```
>>> d = { 'x': 2, 'y':3 }
>>> k = d.keys()
>>> k
dict_keys(['x', 'y'])
>>> d['z'] = 4
>>> k
dict_keys(['x', 'y', 'z'])
>>>
```

键的呈现顺序始终与项目插入字典的顺序相同。前面的转换列表将保留此顺序。当字典的键值数据用来表示从文件和其他数据源读取的内容时，这可能会很有用。因为字典将保留输入顺序，这有助于代码可读性提升以及代码调试。如果有将数据写回文件的需求，也能很好满足。但在 Python 3.6 之前无法保证此顺序，因此如果需要与旧版本 Python 兼容，则不能依赖该特性。此外，如果反复地删除和插入成员多次，顺序也就乱了。

要获取存储在字典中的值，请使用 `dict.values()`方法。要获取键-值对，则使用 `dict.items()`。例如，下面的代码演示了如何以键-值对形式迭代整个字典的内容：

```
for sym, price in prices.items():
    print(f'{sym} = {price}')
```

1.12　迭代与循环

使用最广泛的循环结构是遍历一组项目的 **for** 语句。迭代的一种常见形式是遍历序列的所有成员——比如字符串、列表或元组。下面来看一个例子：

```
for n in [1, 2, 3, 4, 5, 6, 7, 8, 9]:
    print(f'2 to the {n} power is {2**n}')
```

在这个例子中，变量 n 将在每次迭代时从列表[1, 2, 3, 4, …, 9]中分配连续的项目。由于循环一个整数区间（Range）是很常见的操作，因此有一个快捷方式：

```python
for n in range(1, 10):
    print(f'2 to the {n} power is {2**n}')
```

range(i, j [, step])函数创建一个对象，该对象表示一个从 i 到 j 的整数区间，但不包括 j。如果省略起始值，它将被视为 0。可选的步长也可以作为第 3 个参数传递：下面是一些例子：

```python
a = range(5)        # a = 0, 1, 2, 3, 4
b = range(1, 8)     # b = 1, 2, 3, 4, 5, 6, 7
c = range(0, 14, 3) # c = 0, 3, 6, 9, 12
d = range(8, 1, -1) # d = 8, 7, 6, 5, 4, 3, 2
```

range()创建的对象在查询请求实际发生时才按需计算它所表示的值。因此，即使使用大范围的数字，range()也是高效的。

for 语句并不局限于整数序列。它可以用于迭代多种类型的对象，包括字符串、列表、字典和文件，如下所示：

```python
message = 'Hello World'
# 逐个打印 message 中的字符
for c in message:
    print(c)

names = ['Dave', 'Mark', 'Ann', 'Phil']
# 逐个打印列表项
for name in names:
    print(name)

prices = { 'GOOG' : 490.10, 'IBM' : 91.50, 'AAPL' : 123.15 }
# 逐个打印字段成员
for key in prices:
    print(key, '=', prices[key])

# 逐行打印文件内容
with open('foo.txt') as file:
    for line in file:
        print(line, end='')
```

for 循环是 Python 最强大的语言特性之一，因为创建自定义迭代器对象和生成器函数并为 for 循环提供一个值序列，是一个很重要的实践场景。关于迭代器和生成器的更多细节可以参考第 6 章的内容。

1.13　函数

使用 def 语句定义一个函数：

```
def remainder(a, b):
    q = a // b    # //这是截断除法
    r = a - q * b
    return r
```

要调用函数，依次使用函数名加上括号及参数，如 result = remainder(37,15)。

编写函数的通常做法是在函数的第一个语句中包含一个文档字符串。这个字符串被提供给 help()命令，IDE 和其他开发工具可以通过它来给程序员提供帮助信息。例如：

```
def remainder(a, b):
    '''
    求a除以b的余数
    '''
    q = a // b
    r = a - q * b
    return r
```

如果一个函数的输入和输出从它们的名称中看不出明确含义，则可以使用类型注解：

```
def remainder(a: int, b: int) -> int:
    '''
    求a除以b的余数
    '''
    q = a // b
    r = a - q * b
    return r
```

Python 的类型注解只提供信息，在运行时并不强制约束和检查。若非要用非整数值调用这个函数，也是不影响程序运行的，如 result = remainder(37.5, 3.2)。

使用元组从一个函数返回多个值：

```
def divide(a, b):
    q = a // b    # 如果a和b是整数，q也就是整数
    r = a - q * b
    return (q, r)
```

当使用一个元组返回多个值时，可以像这样将它们解构到单独的变量中：

```
quotient, remainder = divide(1456, 33)
```

要给函数设置缺省参数，请使用赋值方式：

```
def connect(hostname, port, timeout=300):
    # 函数体
    ...
```

在函数定义中设置了缺省参数后，在后续函数调用时就可以省略设置该参数值。省略的参数将采用缺省值。下面看一个例子：

```
connect('www.python.org', 80)
connect('www.python.org', 80, 500)
```

缺省参数通常用于可选特性。如果时不时地出现缺省参数，代码的可读性就会受到影响。因此，建议使用关键字参数的形式来指定缺省参数。例如：

```
connect('www.python.org', 80, timeout=500)
```

如果知道了参数名称，那么在调用函数时可以命名所有的参数。在命名时，参数排列顺序就变得不重要了。如下例所示，这样没有任何问题：

```
connect(port=80, hostname='www.python.org')
```

对于在函数中创建或分配的变量，其作用域是局部的。也就是说，变量只在函数体中被定义与存在，在函数返回时被销毁。函数也可以访问在函数之外定义的变量，只要它们定义在同一个文件中。例如：

```
debug = True      # 全局变量

def read_data(filename):
    if debug:
        print('Reading', filename)
    ...
```

作用域规则在第 5 章中详细阐述。

1.14   异常

如果程序中发生错误，就会抛出一个异常，并返回一条跟踪消息。

```
Traceback (most recent call last):
  File "readport.py", line 9, in <module>
    shares = int(row[1])
ValueError: invalid literal for int() with base 10: 'N/A'
```

跟踪消息指示所发生错误的类型及位置。通常，错误会导致程序终止。但是，你可以使用 try 和 except 语句来捕获和处理异常，像下面这样：

```
portfolio = []
with open('portfolio.csv') as file:
    for line in file:
        row = line.split(',')
        try:
            name = row[0]
            shares = int(row[1])
            price = float(row[2])
            holding = (name, shares, price)
            portfolio.append(holding)
        except ValueError as err:
            print('Bad row:', row)
            print('Reason:', err)
```

在这段代码中，如果 ValueError 发生，错误原因的详细信息将被放在 err 中，同时控制权被传递给 except 块中的代码。如果引发的是其他类型异常（非 ValueError 类型），程序会像往常一样崩溃。如果没有错误发生，则忽略 except 块中的代码。当一个异常被处理后，程序从 except 块后面的那条语句继续执行，并不返回异常发生的位置。

raise 语句用于抛出异常。raise 需要给出一个异常的名称。例如，下列代码抛出一个内置的 RuntimeError 异常：

```
raise RuntimeError('Computer says no')
```

当与异常处理结合在一起时，正确管理系统资源（如锁、文件和网络连接等）通常是很棘手的事情。有时候，无论发生什么，都必须执行一些操作。为此请使用 try-finally。下面的例子涉及一个必须释放锁以避免死锁的场景：

```
import threading
lock = threading.Lock()
...
lock.acquire()
# 一旦获取了锁，就务必记得要释放锁！
try:
    ...
    statements
    ...
finally:
    lock.release()    # 总会执行
```

为简化这种编程，大多数与资源管理相关的对象也支持 with 语句。以下是上述代码的升级版本：

```
with lock:
```

```
...
statements
...
```

在本例中，在执行 with 语句时自动获取锁（lock）对象。当执行离开 with 块的上下文时，锁会自动释放。不管 with 块内部发生了什么，都会这样处理。例如，如果 with 块内部发生异常，则当控制离开块的上下文时，锁被释放。

with 语句通常只与系统资源或执行环境相关的对象（如文件、连接和锁）兼容。然而，用户定义的对象也可以有自己的自定义处理，后面的第 3 章会进一步阐述。

1.15　程序终止

当输入程序中没有更多语句可执行，或程序引发未捕获的 SystemExit 异常时，程序终止。如果你想强迫一个程序退出，可以这样做：

```
raise SystemExit()                       # 静默退出，没有错误消息
raise SystemExit("Something is wrong")   # 带有错误信息的退出
```

退出时，解释器尽可能地对所有活动对象进行垃圾回收。但是，如果你需要执行特定的清理操作（删除文件、关闭连接），则可以按如下方式将操作注册到 atexit 模块：

```
import atexit

# 示例
connection = open_connection("deaddot.com")
def cleanup():
    print "Going away..."
    close_connection(connection)

atexit.register(cleanup)
```

1.16　对象和类

程序中使用的所有值都是对象。对象由内部数据和对这些数据执行各种操作的方法组成。前面在处理字符串和列表等内置类型时，我们已经使用了对象和方法。例如：

```
items = [37, 42]      # 创建一个列表对象
items.append(73)      # 调用 append()方法
```

函数 dir()的作用是列出一个对象上可用的方法。当没有满意的 IDE 可用时，它是

交互式操作的有用工具。例如：

```
>>> items = [37, 42]
>>> dir(items)
['__add__', '__class__', '__contains__', '__delattr__', '__delitem__',
...
 'append', 'count', 'extend', 'index', 'insert', 'pop',
 'remove', 'reverse', 'sort']
>>>
```

在检查 items 对象时，我们看到了列出的熟悉方法，如 append() 和 insert()。但是，还存在一种名称以双下画线开头和结尾的特殊方法。这些方法实现了各种运算符。例如，__add__() 方法用于实现+运算符。这些方法将在后面的章节中更详细地解释。

```
>>> items.__add__([73, 101])
[37, 42, 73, 101]
>>>
```

class 语句用于定义新的对象类型，在面向对象编程中使用。例如，下面的类定义了一个具有 push() 和 pop() 操作的 Stack 类：

```
class Stack:
    def __init__(self):     # 初始化栈
        self._items = []

    def push(self, item):
        self._items.append(item)

    def pop(self):
        return self._items.pop()

    def __repr__(self):
        return f'<{type(self).__name__} at 0x{id(self):x}, size={len(self)}>'

    def __len__(self):
        return len(self._items)
```

在类定义内部，使用 def 语句定义方法。每个方法的第一个参数总是指向对象本身。按照惯例，self 是这个参数的名称。涉及对象特性（attribute）①的所有操作都必须显式

---

① 本书对 attribute 和 property 的定义是不同的，区分两者有着重要的意义。attribute 更偏向于表述对象的名称和值，property 则更偏向于表述对象的底层特征及其管理。为了区别，前者译为特性，后者译为属性。有些其他地方提到的特性，是指"feature"的意思，而这种情况读者应该一眼就能看出来。——译者注

地引用 self 变量。

前后同时带有双下画线的方法是特殊方法。例如，__init__用于初始化一个对象。在这里，__init__创建一个内部列表来存储 Stack 实例对象的数据。

要使用一个类，可编写如下代码：

```
s = Stack()          # 创建一个 Stack 实例对象
s.push('Dave')       # 将一些数据 "Push" 进 Stack 对象
s.push(42)
s.push([3, 4, 5])
x = s.pop()          # 将[3,4,5] 返回给 x 变量
y = s.pop()          # 将42 返回给 y 变量
```

注意，在上述类代码内部，一些方法使用了一个_items 内部变量。Python 没有任何隐藏或保护数据的机制。然而，有一个编程约定，前面有一个下画线的名称被认为是"私有的"。在这个例子中，_items 应该被（你）视为内部实现，而不该在 Stack 类外部使用。请注意，这个约定实际上并无法强制要求——如果想访问_items，开发者在任何时候都可以访问到。当同事审阅你的代码时，你只需告诉他们实际情况。

__repr__()和__len__()方法的存在是为了使对象与环境很好地协作。这里，__len__()使 Stack 对象能够使用内置的 len()函数，而__repr__()改变 Stack 对象的显示和打印方式。总是定义__repr__()是一个好主意，因为它可以简化调试。

```
>>> s = Stack()
>>> s.push('Dave')
>>> s.push(42)
>>> len(s)
2
>>> s
<Stack at 0x10108c1d0, size=2>
>>>
```

对象的一个主要特性是，可以通过继承方式添加或重新定义已有类的功能。

假设我们想添加一个方法来交换 Stack 对象中栈顶的两项。可以编写这样的类：

```
class MyStack(Stack):
    def swap(self):
        a = self.pop()
        b = self.pop()
        self.push(a)
        self.push(b)
```

MyStack 和 Stack 是相同的，但 MyStack 添加了一个新方法 swap()。

```
>>> s = MyStack()
>>> s.push('Dave')
>>> s.push(42)
>>> s.swap()
>>> s.pop()
'Dave'
>>> s.pop()
42
>>>
```

继承还可以用于改变现有方法的行为。假设我们希望将 Stack 类限制为只保存数字数据，可以像这样写一个类：

```
class NumericStack(Stack):
    def push(self, item):
        if not isinstance(item, (int, float)):
            raise TypeError('Expected an int or float')
        super().push(item)
```

在这个例子中，push()方法被重新定义，以添加额外检查。super()操作是调用父类 push()的一种方式。下面是这个类的工作情况：

```
>>> s = NumericStack()
>>> s.push(42)
>>> s.push('Dave')
Traceback (most recent call last):
...
TypeError: Expected an int or float
>>>
```

通常，继承不是最好的解决方案。假设我们想定义一个简单的基于 Stack 类的四则运算计算器，以实现下列运算：

```
>>> # Calculate 2 + 3 * 4
>>> calc = Calculator()
>>> calc.push(2)
>>> calc.push(3)
>>> calc.push(4)
>>> calc.mul()
>>> calc.add()
>>> calc.pop()
14
>>>
```

观察这段代码，看到 push()和 pop()方法，你可能会认为 Calculator 类可以通过继承 Stack 类来定义。尽管这样也行，但最好将 Calculator 定义为一个完全独立的类：

```python
class Calculator:
    def __init__(self):
        self._stack = Stack()

    def push(self, item):
        self._stack.push(item)

    def pop(self):
        return self._stack.pop()

    def add(self):
        self.push(self.pop() + self.pop())

    def mul(self):
        self.push(self.pop() * self.pop())

    def sub(self):
        right = self.pop()
        self.push(self.pop() - right)

    def div(self):
        right = self.pop()
        self.push(self.pop() / right)
```

在这个实现中，Calculator 类包含一个作为内部实现细节的 Stack 实例对象。这是一个组合的例子。push() 和 pop() 方法被委托给内部 Stack 对象。采用组合方式的主要原因是，我们并没有真正地将 Calculator 视为 Stack。计算器（Calculator）是一个独立的概念，一种不同的物体。就好比，手机包含一个中央处理器（CPU），但我们通常不认为手机是一种 CPU 类型。

1.17 模块

当程序变得越来越大时，我们就想要把其分成多个文件，以方便维护。导入文件可以使用 `import` 语句。要创建模块，请将相关语句和定义放入一个后缀为 .py 且与模块同名的文件。

这里有一个例子：

```python
# readport.py
#
```

```
# 读取一个数据格式为'NAME,SHARES,PRICE'的文件

def read_portfolio(filename):
    portfolio = []
    with open(filename) as file:
        for line in file:
            row = line.split(',')
            try:
                name = row[0]
                shares = int(row[1])
                price = float(row[2])
                holding = (name, shares, price)
                portfolio.append(holding)
            except ValueError as err:
                print('Bad row:', row)
                print('Reason:', err)
    return portfolio
```

要在其他文件中使用此模块，请使用 import 语句。例如，下面是一个使用 read_portfolio()函数的模块 pcost.py：

```
# pcost.py

import readport

def portfolio_cost(filename):
    '''
    计算投资组合的股数乘价格（shares*price）的总和
    '''
    port = readport.read_portfolio(filename)
    return sum(shares * price for _, shares, price in port)
```

import 语句创建一个新的命名空间（或环境），并在该命名空间中执行关联 .py 文件中的所有语句。需要在导入命名空间后才能访问该命名空间中的内容，这时必须使用模块名称作为前缀，如上面示例中的 readport.read_portfolio()。

如果 import 语句失败并报 ImportError 异常，则需要检查一下环境。首先，确保创建了一个名为 readport.py 的文件。接下来，检查 sys.path 上列出的目录。如果这些目录中不存在该文件，Python 将无法找到该文件。

如果想用不同的名称导入一个模块，则可以给 import 语句提供一个可选的限定符：

```
import readport as rp
port = rp.read_portfolio('portfolio.dat')
```

要将特定的定义导入当前命名空间，请使用 **from** 语句：

```
from readport import read_portfolio
port = read_portfolio('portfolio.dat')
```

与操作对象一样，**dir()** 函数列出了模块的内容。[1]**dir()** 是交互式操作的有用工具。

```
>>> import readport
>>> dir(readport)
['__builtins__', '__cached__', '__doc__', '__file__', '__loader__',
'__name__', '__package__', '__spec__', 'read_portfolio']
...
>>>
```

Python 提供了一个大型的标准模块库，可以简化大量编程任务。例如标准库中的 **csv** 模块，可以处理数据以逗号分隔的文件。可以在程序中这样使用它：

```
# readport.py
#
# 读取一个数据格式为'NAME,SHARES,PRICE'的文件

import csv

def read_portfolio(filename):
    portfolio = []
    with open(filename) as file:
        rows = csv.reader(file)
        for row in rows:
            try:
                name = row[0]
                shares = int(row[1])
                price = float(row[2])
                holding = (name, shares, price)
                portfolio.append(holding)
            except ValueError as err:
                print('Bad row:', row)
                print('Reason:', err)
    return portfolio
```

Python 还拥有海量的第三方模块，通过安装这些模块，几乎可以处理任何你能想到的任务（包括读取 CSV 文件）。具体内容详见网址链接 2。

---

[1] 如果记忆已模糊，请回顾一下 1.16 节开头那一段 **dir(items)** 代码。——译者注

1.18 脚本编写

任何 Python 程序文件都可执行，要么以脚本方式执行，要么以库的形式通过 import 导入来执行。为了更好地支持导入，脚本代码通常会附带一个针对模块名的条件检查：

```python
# readport.py
#
# 读取一个数据格式为'NAME,SHARES,PRICE'的文件

import csv

def read_portfolio(filename):
    ...

def main():
    portfolio = read_portfolio('portfolio.csv')
    for name, shares, price in portfolio:
        print(f'{name:>10s} {shares:10d} {price:10.2f}')

if __name__ == '__main__':
    main()
```

__name__是一个内置变量，它总是包含外围模块的名称。如果一个程序以主脚本的形式运行，如 python readport.py，则__name__变量被设置为'__main__'。否则，如果代码是使用 import readport 这样的语句导入的，__name__变量将被设置为'readport'。

在下面这段代码中，用程序硬编码了'portfolio.csv'文件名。相反，我们可能希望提示用户输入文件名或接受文件名作为命令行参数。要做到这一点，可以使用内置的 input()函数与 sys.argv 列表。例如，下面是 main()函数的修改版本：

```python
def main(argv):
    if len(argv) == 1:
        filename = input('Enter filename: ')
    elif len(argv) == 2:
        filename = argv[1]
    else:
        raise SystemExit(f'Usage: {argv[0]} [ filename ]')
    portfolio = read_portfolio(filename)
    for name, shares, price in portfolio:
        print(f'{name:>10s} {shares:10d} {price:10.2f}')

if __name__ == '__main__':
```

```
import sys
main(sys.argv)
```

这个程序可以在命令行中以两种不同的方式运行：

```
bash % python readport.py
Enter filename: portfolio.csv
...
bash % python readport.py portfolio.csv
...
bash % python readport.py a b c
Usage: readport.py [ filename ]
bash %
```

对于足够简单的程序，如上例那样处理 `sys.argv` 中的参数通常就行了。更高级的用法是使用 `argparse` 标准库模块。

1.19   包

在大型程序中，通常将代码组织成包。包是模块的分层集合。在文件系统中，把代码文件集放在一个目录中，就像这样：

```
tutorial/
    __init__.py
    readport.py
    pcost.py
    stack.py
    ...
```

该目录应该有一个 `__init__.py` 文件，该文件可以为空。完成这一步后，就能够创建嵌套的导入语句了。例如：

```
import tutorial.readport
port = tutorial.readport.read_portfolio('portfolio.dat')
```

如果喜欢短名，可以用以下方式的 import 来缩短：

```
from tutorial.readport import read_portfolio
port = read_portfolio('portfolio.dat')
```

包的一个棘手问题是，如何在同一个包内的文件之间进行导入。在前面的例子中，展示了一个 `pcost.py` 模块，它以这样的导入开始：

```
# pcost.py
```

```
import readport
...
```

如果将 pcost.py 和 readport.py 文件移到包中，则此 import 语句会失效。要修复它，则必须使用一个完全限定的模块导入：

```
# pcost.py
from tutorial import readport
...
```

或者也可以像这样使用相对包的导入：

```
# pcost.py
from . import readport
...
```

后面一种形式的好处是不会硬编码包名。这使得后续重命名一个包或在项目中移动模块文件变得更容易。

有关包的其他微妙细节将在后面进一步介绍（详见第 8 章）。

1.20　构建应用程序

当开始编写更多的 Python 代码时，我们可能会发现自己正在处理更大规模的应用程序，其中既有我们自己的代码，又有第三方依赖代码。

管理应用程序的结构层次是一个不断发展的复杂主题。关于什么是"最佳实践"，也有许多相互矛盾的观点。然而，有一些重要的指导原则是必须知道的。

首先，标准实践是，将大型代码库组织到包（即包含特殊的 __init__.py 文件的存放各种 .py 文件的目录）中。当这么做时，为顶级目录名选择一个唯一的包名。包目录的主要目的是管理编程时使用的导入（import）语句和模块的命名空间。我们希望将自己的代码与其他人的代码隔离开来。

除了主要的项目源代码，我们还可能有测试、示例、脚本和文档。这些额外的材料通常存放在一组单独的目录中，与包含源代码的包区别开来。因此，通常为项目创建一个封闭的顶级目录，并将所有工作分门别类地放在该目录下。例如，一个典型的项目组织结构可能看起来像下面这样：

```
tutorial-project/
    tutorial/
        __init__.py
        readport.py
```

```
        pcost.py
        stack.py
        ...
    tests/
        test_stack.py
        test_pcost.py
        ...
    examples/
        sample.py
        ...
    doc/
        tutorial.txt
        ...
```

记住，组织应用程序结构的方法不止一种。待解决问题的性质可能决定了不同的结构。不过，只要主要的源代码文件集中位于一个适当的包中（同样是包含 __init__.py 文件的目录），就应该没太大问题。

1.21   第三方包管理

Python 有一个很大的分发包库，可以在 Python 包索引网站（参见网址链接 2）中找到。开发者往往需要在自己的代码中依赖其中的一些第三方包。如果需要安装第三方软件包，请使用 pip 命令：

```
bash % python3 -m pip install somepackage
```

安装的包被放在一个特殊的 site-packages 目录中，检查 sys.path 的值，就可以找到这个目录。例如，在 UNIX 机器上，包可能被放在/usr/local/lib/python3.8/site-packages 中。如果想知道一个包的位置，可在导入包之后，通过解释器检查这个包的__file__特性：

```
>>> import pandas
>>> pandas.__file__
'/usr/local/lib/python3.8/site-packages/pandas/__init__.py'
>>>
```

安装包的一个潜在问题是，开发者可能没有更改本地安装的 Python 版本的权限。即使得到了许可权限，随意更改 Python 版本恐怕仍然不是一个好主意。例如，许多系统已经安装了 Python，供各种系统的实用程序使用，这时候更改 Python 或包的安装版本通常是一个糟糕的决定。

可以创建一个沙盒，在里面你可以安装包，并且不用担心破坏任何东西，用下面的命令创建一个虚拟环境（Virtual Environment）：

```bash
bash % python3 -m venv myproject
```

这将在名为 `myproject/` 的目录中开辟一个专用的 Python 安装设置。该目录里存放了一个解释器的可执行文件，以及专用的库，可以安全地将包安装到该库中。例如，如果运行 `myproject/bin/python3`，会执行一个为开发者个人使用而配置的解释器。将包安装到这个解释器中，就不必再担心破坏缺省 Python 安装设置的任何部分了。要安装包，请像之前一样使用 `pip`，但要确保指定正确的解释器：

```bash
bash % ./myproject/bin/python3 -m pip install somepackage
```

有各种各样的工具旨在简化 `pip` 和 `venv` 的使用。包及虚拟环境的管理工作也可以由 IDE 自动处理。但由于这是 Python 社区的一个快速变化的领域，因此这里就不再给出进一步的建议了。

1.22　Python 让人感到舒适

在 Python 的早期发展过程中，"It Fits Your Brain"是一个为 Python 开发者社区所津津乐道的格言。即使在今天，Python 的核心仍然是一个小巧的编程语言，但 Python 却拥有一系列有用的内置对象——列表、Set 和字典。只需使用本章介绍的基本特性，就可以解决大量的实际问题。在开启 Python 冒险旅程之际，记住这句话是一个好主意：尽管总是有更复杂的方法来解决一个问题，但也可能存在一种简单的方法，只需借助 Python 已经提供的基本特性即可。当感到彷徨无助时，你可能会感慨：幸好自己过去学习了 Python。

2

运算符、表达式和数据操作

本章描述与数据操作相关的 Python 表达式、运算符和求值规则。表达式是执行有效计算的核心。此外，第三方库可以定制 Python 的行为，以提供更好的用户体验。本章对表达式进行了全面深入的描述。第 3 章将描述用于定制解释器行为的底层协议。

2.1　字面量

字面量是直接输入到程序中的值，比如 **42**、**4.2** 或 **'forty-two'**。整型字面量表示任意大小的带符号整数值。可以用二进制、八进制或十六进制指定整数：

```
42              # 十进制整数
0b101010        # 二进制整数
0o52            # 八进制整数
0x2a            # 十六进制整数
```

基数不作为整数值的一部分存储。如果打印出来，上述所有文字都将显示为 **42**。你可以使用内置函数 bin(x)、oct(x) 或 hex(x) 将整数转换为不同基数下对应值的字符串形式。

浮点数可以通过加一个小数点或科学记数法（**e** 或 **E** 表示指数）来表示。下面的所有数都是浮点数：

```
4.2
42.
.42
4.2e+2
4.2E2
-4.2e-2
```

在内部，浮点数存储为 IEEE 754 双精度（64 位）值。

在数字字面量中，单个下画线（_）可以用作数字之间的可视分隔符。例如：

```
123_456_789
0x1234_5678
0b111_00_101
123.789_012
```

数字分隔符并不作为数字的一部分来存储，它只是让代码中的大数字面量更易读。

布尔字面量被写为 True 和 False。

字符串字面量是通过单引号、双引号或三引号包围字符来表示的。单引号和双引号字符串必须出现在同一行。三引号字符串可以跨越多行。例如：

```
'hello world'
"hello world"
'''hello world'''
"""hello world"""
```

元组、列表、Set 和字典字面量的写法如下：

```
(1, 2, 3)              # 元组（Tuple）
[1, 2, 3]              # 列表（List）
{1, 2, 3}              # Set
{'x':1, 'y':2, 'z':3}  # 字典（Dict）
```

2.2　表达式与地址

表达式表示计算结果为具体值的计算。它由字面量、名称、运算符、函数或方法调用等几种形式组合而成。表达式可以总是出现在赋值语句的右边，在其他表达式的运算中作为运算对象，或者作为函数参数传递。例如：

```
value = 2 + 3 * 5 + sqrt(6+7)
```

运算符，如+（加法）或*（乘法），表示对运算对象执行的操作。sqrt()是一个作用于输入参数的函数。

赋值语句的左边表示地址，该地址存储了一个对象引用。如上例所示，该地址可能是一个简单的标识符，即这里的 value，也可以是对象的特性或容器中的索引。例如：

```
a = 4 + 2
b[1] = 4 + 2
c['key'] = 4 + 2
d.value = 4 + 2
```

从地址读取值的计算也是一个表达式。例如：

```
value = a + b[1] + c['key']
```

赋值和表达式的求值是两个不同的概念。特别地，你不能将赋值运算符作为表达式的一部分：

```
while line=file.readline():    # 语法错误
    print(line)
```

但是，可以使用"赋值表达式"运算符（:=）来执行表达式求值和赋值的组合操作。例如：

```
while (line:=file.readline()):
    print(line)
```

:=运算符通常与 if 和 while 语句联合使用。事实上，将它用作普通的赋值运算符会导致语法错误（除非在它周围加上括号）。

2.3 标准运算符

Python 对象可以使用表 2.1 中的任何运算符。

表 2.1　标准运算符

操　作	描　述
x + y	加
x - y	减
x * y	乘
x / y	除
x // y	截断除法
x @ y	矩阵乘法
x ** y	幂运算（x 的 y 次幂）
x % y	取模（x mod y，表示 x 除以 y 的余数），取余
x << y	左移
x >> y	右移
x & y	位与
x | y	位或
x ^ y	位异或（XOR：Exclusive OR，异或）
~x	按位取反
-x	一元负号

续表

操　作	描　述
+x	一元正号
abs(x)	求绝对值
divmod(x,y)	返回(x // y, x % y)
pow(x,y [,modulo])	如果省略参数 modulo，返回 x 的 y 次幂；如果有参数 modulo，则返回(x ** y) % modulo
round(x,[n])	结果舍入到最接近的 10 的负 n 次幂的倍数

一般来说，这里都用数字来描述。然而，也有一些值得注意的特殊情况。例如，+操作符还用于连接序列，*操作符用于复制序列，-用于求 Set 差集，%执行字符串的格式化：

```
[1,2,3] + [4,5]    # [1,2,3,4,5]
[1,2,3] * 4        # [1,2,3,1,2,3,1,2,3,1,2,3]
'%s has %d messages' % ('Dave', 37)
```

运算符的检查因场景而变化。对于混合数据类型，如果直观感觉该操作行得通，则该操作往往"行得通"。例如，可以将整数和分数相加：

```
>>> from fractions import Fraction
>>> a = Fraction(2, 3)
>>> b = 5
>>> a + b
Fraction(17, 3)
>>>
```

然而，直觉并不总是行得通，例如对小数就不起作用：

```
>>> from decimal import Decimal
>>> from fractions import Fraction
>>> a = Fraction(2, 3)
>>> b = Decimal('5')
>>> a + b
Traceback (most recent call last):
  File "<stdin>", line 1, in <module>
TypeError: unsupported operand type(s) for +: 'Fraction' and 'decimal.Decimal'
>>>
```

不过，对于大多数的数字组合，Python 遵循布尔、整数、分数、浮点数和复数的标准数字层次结构。混合类型操作并不复杂，所以你不必太过担心。

2.4 就地赋值

Python 提供了表 2.2 的"就地"或"增量"赋值操作。

表 2.2 增量赋值运算符

操　作	描　述
x += y	x = x + y
x -= y	x = x - y
x *= y	x = x * y
x /= y	x = x / y
x //= y	x = x // y
x **= y	x = x ** y
x %= y	x = x % y
x @= y	x = x @ y
x &= y	x = x & y
x |= y	x = x | y
x ^= y	x = x ^ y
x >>= y	x = x >> y
x <<= y	x = x << y

这些运算符不是表达式。相反，它们为就地更新值提供了语法上的便利。例如：

```
a = 3
a = a + 1    # a = 4
a += 1       # a = 5
```

可变对象可以使用这些运算符作为一种优化手段来执行数据的就地改变。考虑一下这个例子：

```
>>> a = [1, 2, 3]
>>> b = a          # 创建一个到 a 的新引用
>>> a += [4, 5]    # 就地更改（并不创建新的列表）
>>> a
[1, 2, 3, 4, 5]
>>> b
[1, 2, 3, 4, 5]
>>>
```

在这个例子中，a 和 b 是对同一个列表的引用。当执行 a += [4，5]时，将在不创建新列表的情况下更新列表对象。因此，b 也看到了这个更新。这通常让人惊讶。

2.5　对象比较

　　相等运算符（x == y）测试 x 和 y 的值是否相等。对于列表和元组，它们必须具有相同的大小、相同的元素和相同的顺序。对于字典，只有当 x 和 y 具有相同的键集，并且所有相同的键对象同时具有相同值时才返回 True。如果两个 Set 有相同的元素，则它们相等。

　　对不兼容类型的对象（比如，文件和浮点数）进行相等比较不会触发错误，而是返回 False。然而，有时不同类型的对象之间的比较会产生 True。例如，比较一个整数和一个相同值的浮点数：

```
>>> 2 == 2.0
True
>>>
```

　　同一性运算符（x is y，x is not y）测试两个值，看它们是否引用了内存中的相同对象（如 id(x) == id(y)）。通常情况下，可能是 x == y，但 x is not y。例如：

```
>>> a = [1, 2, 3]
>>> b = [1, 2, 3]
>>> a is b
False
>>> a == b
True
>>>
```

　　在实践中，用 is 运算符进行对象比较通常不是我们想要的。所有比较都使用==运算符，除非有充分理由期望两个对象具有相同本源，这时才使用 is 运算符。

2.6　有序比较运算符

　　表 2.3 列出了有序比较运算符，并通过数字进行标准的数学解释。比较结果是一个布尔值。

表 2.3　有序比较运算符

操　　作	描　　述
x < y	小于
x > y	大于
x >= y	大于或等于
x <= y	小于或等于

对于 Set，x < y 检查 x 是否为 y 的严格子集（即元素较少，但不等于 y）。

比较两个序列时，先比较每个序列的第一个元素。如果它们不同，那结果就确定了。如果它们相同，则比较每个序列的第二个元素。这个过程会一直持续下去，直到找到两个不同的元素，或者在两个序列中都不存在更多的元素。如果到达两个序列的末尾，则认为这两个序列相等。如果 a 是 b 的子序列，那么 a < b。

字符串和字节使用字典序进行比较。每个字符被分配一个唯一的数字索引值，数字索引值由字符集（如 ASCII 或 Unicode）决定。如果一个字符的索引值小于另一个字符的索引值，则该字符小于另一个字符。

并非所有类型都支持有序比较。例如，尝试在字典上使用<具有不确定因素，并会导致 TypeError。类似地，对不兼容的类型（如字符串和数字）应用有序比较也将导致 TypeError。

2.7   布尔表达式及真值

and、or 和 not 运算符可以组成复杂的布尔表达式。这些运算符的行为如表 2.4 所示。

表 2.4   逻辑运算符

操 作	描 述
x or y	如果 x 为假值，返回 y；否则返回 x
x and y	如果 x 为假值，返回 x；否则返回 y
not x	如果 x 为假值，返回 True；否则返回 False

当使用表达式确定真值或假值时，True，任何非零数字，非空的字符串、列表、元组及字典，都被认为是真值；False，0，None，空的字符串、列表、元组和字典，则都被认为是假值。

布尔表达式从左向右求值，只有在需要确定最终值时才消费右操作数。例如，只有当 a 为真时，a and b 才计算 b。这就是所谓的短路评估（或称为"短路计算""短路求值"）。简化条件测试及其后续操作的代码会很有意义。例如：

```python
if y != 0:
    result = x / y
else:
    result = 0
```

```
# 或者
result = y and x / y
```

在第二种方案中，只有当 y 非零时才执行 x / y 除法。

依赖对象隐含的"真实性"可能会导致难以发现的 bug。例如，考虑这个函数：

```
def f(x, items=None):
    if not items:
        items = []
    items.append(x)
    return items
```

这个函数有一个可选参数，如果没有给出该参数，将创建并返回一个新列表。例如：

```
>>> foo(4)
[4]
>>>
```

然而，如果给这个函数传入一个现有的空列表作为参数，这个函数的行为会变得很奇怪：

```
>>> a = []
>>> foo(3, a)
[3]
>>> a      # 注意 a 其实并未更新
[]
>>>
```

这是一个真值检查方面的漏洞。空列表检查结果为 False，因此代码创建了一个新列表，而不是使用作为参数传入的那个列表（a）。要解决这个问题，需要更精确地对 None 进行检查：

```
def f(x, items=None):
    if items is None:
        items = []
    items.append(x)
    return items
```

在编写条件检查代码时，做到精准判断总是一种好习惯。

2.8　条件表达式

一种常见的编程模式是，根据表达式的结果有条件地赋值。例如：

```
if a <= b:
    minvalue = a
else:
    minvalue = b
```

可以使用条件表达式缩短此代码。例如：

```
minvalue = a if a <= b else b
```

在这样的表达式中，首先计算中间的条件。如果结果为 True，则对 if 左边的表达式求值。否则，计算 else 后面的表达式。else 子句总是必需的。

2.9 迭代操作

迭代是所有 Python 容器（列表、元组、字典等）、文件以及生成器函数都支持的一个重要特性。表 2.5 中的操作可以应用于任何可迭代对象 s。

表 2.5 迭代操作

操　作	描　述
for vars in s:	迭代
v1, v2, ... = s	变量解构
x in s, x not in s	成员判断
[a, *s, b], (a, *s, b), {a, *s, b}	在列表、元组或 Set 字面量中展开

可迭代对象上最基本的操作是 for 循环。这其实就是逐个遍历值的方法。所有其他操作都在 for 循环基础上建立。

x in s 运算符测试对象 x 是否存在于可迭代对象 s 产生的项目中，并返回 True 或 False。x not in s 运算符与 not (x in s) 是一样的。对于字符串，in 和 not in 运算符接受子串。例如，'hello' in 'hello world' 结果为 True。注意，in 操作符不支持通配符或任何类型的模式匹配。

任何可迭代对象都可以将其值解构到一系列地址中。例如：

```
items = [ 3, 4, 5 ]
x, y, z = items      # x = 3, y = 4, z = 5

letters = "abc"
x, y, z = letters    # x = 'a', y = 'b', z = 'c'
```

左边的地址不必是简单的变量名。任何可以出现在等号左边的有效地址都是可以接受的。所以，可以这样写代码：

```
items = [3, 4, 5]
d = { }
d['x'], d['y'], d['z'] = items
```

当把值解构到地址时，左边的地址个数必须与右边可迭代对象中的项目数完全匹配。对于嵌套的数据结构，通过遵循相同的结构模式来匹配地址和数据。考虑以下这个解构两个嵌套三元组的例子：

```
datetime = ((5, 19, 2008), (10, 30, "am"))
(month, day, year), (hour, minute, am_pm) = datetime
```

有时候，_变量在解构时用来表示一个被丢弃的值。例如，如果只关心日期和时间，可以这么使用：

```
(_, day, _), (hour, _, _) = datetime
```

如果不知道要解构项目的数量，则可通过一个带星号的变量来使用扩展形式的解构，比如下面例子中的*extra：

```
items = [1, 2, 3, 4, 5]
a, b, *extra = items    # a = 1, b = 2, extra = [3,4,5]
*extra, a, b = items    # extra = [1,2,3], a = 4, b = 5
a, *extra, b = items    # a = 1, extra = [2,3,4], b = 5
```

在这个例子中，*extra 接收所有额外的项目。*extra 总是一个列表。当解构一个可迭代对象时，最多只能使用一个带星号的变量。然而，当解构更复杂的包含不同可迭代对象的数据结构时，则可以使用多个星号变量。例如：

```
datetime = ((5, 19, 2008), (10, 30, "am"))
(month, *_), (hour, *_) = datetime
```

在列出列表、元组和 Set 字面量时，任何可迭代对象都可以展开。这也是使用星号（*）来完成的。例如：

```
items = [1, 2, 3]
a = [10, *items, 11]       # a = [10, 1, 2, 3, 11] (list)
b = (*items, 10, *items)   # b = [1, 2, 3, 10, 1, 2, 3] (tuple)
c = {10, 11, *items}       # c = {1, 2, 3, 10, 11} (set)
```

在本例中，项目（items）的内容只是被简单地粘贴到正在创建的列表、元组或 Set 中，就像在该位置输入它一样。这种扩展被称为"泼溅"。在定义字面量时，可以包含任意数量的星号展开。然而，许多可迭代对象（如文件或生成器）只支持一次性迭代。如果使用星号展开，则也就意味着内容在本次展开中已被消费完，不会再在后续迭代中产生任何值。

许多内置函数接受任何可迭代对象作为输入。表 2.6 展示了其中的一些操作。

表 2.6   消费可迭代对象的函数

函　数	描　述
list(s)	从 s 中创建列表
tuple(s)	从 s 中创建元组
set(s)	从 s 中创建 Set
min(s [,key])	s 中的最小项
max(s [,key])	s 中的最大项
any(s)	如果 s 中的任一项为真，则返回 True
all(s)	如果 s 中的所有项均为真，则返回 True
sum(s [, initial])	所有项目的总和，带有一个可选的初始值
sorted(s [, key])	创建一个排序列表

可迭代对象也适用于许多其他的库函数——例如，**statistics** 模块中的函数。

2.10   序列操作

序列是一个可迭代容器，它有一定的大小，并且允许以从 0 开始的整数索引来访问元素。例如，字符串、列表和元组都属于序列。除了所有涉及迭代的操作，表 2.7 中的运算符也可应用于序列。

表 2.7   序列操作

操　作	描　述
s + r	连接
s * n, n * s	将 s 复制 n 次，其中 n 是整数
s[i]	索引
s[i:j]	切片
s[i:j:stride]	扩展的切片
len(s)	求长度

+运算符连接两个相同类型的序列。例如：

```
>>> a = [3, 4, 5]
>>> b = [6, 7]
>>> a + b
```

```
[3, 4, 5, 6, 7]
>>>
```

　　s * n 运算符对一个序列进行 n 次复制。然而，这仅是通过引用复制元素的浅复制。考虑以下代码：

```
>>> a = [3, 4, 5]
>>> b = [a]
>>> c = 4 * b
>>> c
[[3, 4, 5], [3, 4, 5], [3, 4, 5], [3, 4, 5]]
>>> a[0] = -7
>>> c
[[-7, 4, 5], [-7, 4, 5], [-7, 4, 5], [-7, 4, 5]]
>>>
```

　　请注意对 a 的更改是如何影响列表 c 的每个元素的。在本例中，对列表 a 的引用被放置在列表 b 中。当复制 b 时，创建了 4 个对 a 的额外引用。最后，当修改 a 时，此更改将传播到 a 的所有其他副本。序列乘法的这种行为通常不是程序员的意图。解决这个问题的一种方法是通过复制 a 的内容来手动构建复制序列。下面是一个示例：

```
a = [ 3, 4, 5 ]
c = [list(a) for _ in range(4)]    # list()创建一个列表的拷贝
```

　　索引运算符 s[n] 返回序列中的第 n 个对象，s[0] 是第一个对象。负索引值可以用来从序列的末尾获取字符。例如，s[-1] 返回最后一项。尝试访问超出范围的元素会导致 IndexError 异常。

　　切片运算符 s[i:j] 从 s 中提取一个子序列，该子序列由索引为 k 的元素组成，其中 i <= k < j。i 和 j 都必须是整数。如果省略了开始索引或结束索引，则分别假定开始索引为 0（即序列的开始位置），结束索引为序列的结束位置。Python 允许并假定负数的索引是相对序列的末尾。

　　切片运算符可以有一个可选的步长，s[i:j:stride]，这将导致切片跳过元素。然而，这种行为有些微妙。如果提供了一个步长，i 是起始索引，j 是结束索引，那么产生的子序列是元素 s[i]、s[i+stride]、s[i+2*stride]，以此类推，直到到达索引 j（不包含 j）。stride 也可以是负的。如果省略开始索引 i，且 stride 为正，则将开始索引设置为序列的开始位置；如果 stride 为负，则将开始索引设置为序列的结束位置。如果省略结束索引 j，且 stride 为正，则将结束索引设置为序列的结束位置；如果 stride 为负，则将结束索引设置为序列的开始位置。下面是一些例子：

```
a = [0, 1, 2, 3, 4, 5, 6, 7, 8, 9]
```

```
a[2:5]      # [2, 3, 4]
a[:3]       # [0, 1, 2]
a[-3:]      # [7, 8, 9]
a[::2]      # [0, 2, 4, 6, 8 ]
a[::-2]     # [9, 7, 5, 3, 1 ]
a[0:5:2]    # [0, 2, 4]
a[5:0:-2]   # [5, 3, 1]
a[:5:1]     # [0, 1, 2, 3, 4]
a[:5:-1]    # [9, 8, 7, 6]
a[5::1]     # [5, 6, 7, 8, 9]
a[5::-1]    # [5, 4, 3, 2, 1, 0]
a[5:0:-1]   # [5, 4, 3, 2, 1]
```

花哨的切片可能会导致日后难以理解的代码。因此，在使用方式上应该有所把握。可以使用 **slice()** 来命名切片。例如：

```
firstfive = slice(0, 5)
s = 'hello world'
print(s[firstfive]) # 打印'hello'
```

2.11 可变序列操作

字符串和元组是不可变的，在创建后不能修改。列表或其他可变序列的内容可以用表 2.8 中的运算符就地修改。

表 2.8 可变序列操作

操作	描述
s[i] = x	索引赋值
s[i:j] = r	切片赋值
s[i:j:stride] = r	扩展切片赋值
del s[i]	删除一个元素
del s[i:j]	删除切片
del s[i:j:stride]	删除扩展切片

s[i] = x 运算符改变序列的元素 i，以指向对象 x，同时增加了 x 的引用计数。负索引是相对于列表末尾的，试图将一个值赋给超出范围的索引会引发 IndexError 异常。切片赋值运算符 **s[i:j] = r** 将元素 k 替换为序列 r 中的元素，其中 i <= k < j。索引与切片的含义相同。如果有必要，序列 s 的大小可以扩大或缩小，以容纳 r 中的所有元素：

```
a = [1, 2, 3, 4, 5]
a[1] = 6                    # a = [1, 6, 3, 4, 5]
a[2:4] = [10, 11]          # a = [1, 6, 10, 11, 5]
a[3:4] = [-1, -2, -3]      # a = [1, 6, 10, -1, -2, -3, 5]
a[2:] = [0]                # a = [1, 6, 0]
```

切片赋值可以提供一个可选的 stride 参数。然而，这种行为受到了更多限制，因为右值必须具有与被替换切片相同数量的元素。这里有一个例子：

```
a = [1, 2, 3, 4, 5]
a[1::2] = [10, 11]         # a = [1, 10, 3, 11, 5]
a[1::2] = [30, 40, 50]     # ValueError。左边的切片只有两个元素
```

del s[i]运算符从序列中移除索引位置 i 处的元素，并减少该元素的引用计数。del s[i:j]删除一个切片中的所有元素。还可以提供一个 stride，如 del s[i:j:stride]。

这里描述的语义适用于 Python 的内置列表类型。在第三方包中，序列切片相关操作是一个丰富的开放话题。你可能会发现非列表对象上的切片在对象的重新分配、删除和共享方面有着不同规则。例如，流行的 numpy 包就具有与 Python 列表不同的切片语义。

2.12　Set 操作

Set 是唯一值的无序集合。表 2.9 列出的操作可以在 Set 上执行。

表 2.9　Set 操作

操　作	描　述
s | t	s 和 t 的并集
s & t	s 和 t 的交集
s - t	差集（项目在 s 中，但不在 t 中）
s ^ t	对称差（不同时存在于 s 和 t 中的项目）
len(s)	Set 中的项目数
item in s, item not in s	成员测试
s.add(item)	向 s 这个 Set 中添加一个项目
s.remove(item)	从 s 中删除一个存在的项目（如果不存在项目，会报错）
s.discard(item)	从 s 中删除一个存在的项目

下面举一些例子：

```
>>> a = {'a', 'b', 'c' }
>>> b = {'c', 'd'}
>>> a | b
```

```
{'a', 'b', 'c', 'd'}
>>> a & b
>>> {'c' }
>>> a - b
{'a', 'b'}
>>> b - a
{'d'}
>>> a ^ b
{'a', 'b', 'd'}
>>>
```

Set 操作也适用于字典的键视图对象和项目视图对象。例如，要找出两个字典有哪些共同的键，可以这样做：

```
>>> a = { 'x': 1, 'y': 2, 'z': 3 }
>>> b = { 'z': 3, 'w': 4, 'q': 5 }
>>> a.keys() & b.keys()
{ 'z' }
>>>
```

2.13　映射操作

映射是键和值之间的关联。内置的 **dict** 类型就是一个例子。表 2.10 中的操作可以应用于映射。

表 2.10　映射操作

操　　作	描　　述
x = m[k]	通过键来索引
m[k] = x	通过键来赋值
del m[k]	通过键来删除一项
k in m	成员测试
len(m)	映射的项目数量
m.keys()	返回键的集合
m.values()	返回值的集合
m.items()	返回(key, value)对的集合

键可以是任何不可变对象，比如字符串、数字和元组。当使用元组作为键时，你可以省略圆括号，像这样用逗号分隔：

```
d = { }
d[1,2,3] = "foo"
```

```
d[1,0,3] = "bar"
```

在本例中，键是一个元组，以上赋值相当于以下方式：

```
d[(1,2,3)] = "foo"
d[(1,0,3)] = "bar"
```

使用元组作为键是在映射中创建复合键的常见技术。例如，一个可能的键由"first name"和"last name"组成。

2.14 列表、Set 与字典解析式

一个常见的数据操作是，将某个数据集合转换为另一种数据结构。例如，获取列表所有项，再应用一个操作，最后创建一个新列表：

```
nums = [1, 2, 3, 4, 5]
squares = []
for n in nums:
    squares.append(n * n)
```

由于这种操作非常常见，因此它可以通过一个叫列表解析式的运算符来实现。下面是该代码的紧凑版本：

```
nums = [1, 2, 3, 4, 5]
squares = [n * n for n in nums]
```

也可以对操作应用过滤器：

```
squares = [n * n for n in nums if n > 2] # [9, 16, 25]
```

列表解析的一般语法如下：

```
[expression for item1 in iterable1 if condition1
            for item2 in iterable2 if condition2
            ...
            for itemN in iterableN if conditionN]
```

此语法等价于以下代码：

```
result = []
for item1 in iterable1:
    if condition1:
        for item2 in iterable2:
            if condition2:
                ...
```

```
        for itemN in iterableN:
            if conditionN:
                result.append(expression)
```

列表解析是处理各种列表数据形式的一种非常有用的方法。下面是一些实际的例子：

```python
# 一些样例数据（字典组成的列表）
portfolio = [
    {'name': 'IBM', 'shares': 100, 'price': 91.1 },
    {'name': 'MSFT', 'shares': 50, 'price': 45.67 },
    {'name': 'HPE', 'shares': 75, 'price': 34.51 },
    {'name': 'CAT', 'shares': 60, 'price': 67.89 },
    {'name': 'IBM', 'shares': 200, 'price': 95.25 }
]

# 收集所有名字 ['IBM', 'MSFT', 'HPE', 'CAT', 'IBM' ]
names = [s['name'] for s in portfolio]

# 找出超过 100 股的所有项目 ['IBM']
more100 = [s['name'] for s in portfolio if s['shares'] > 100 ]

# 计算 shares*price 的总和
cost = sum([s['shares']*s['price'] for s in portfolio])

# 收集(name, shares)元组
name_shares = [ (s['name'], s['shares']) for s in portfolio ]
```

列表解析式中使用的所有变量都是解析式的私有变量。无须担心这样的变量会覆盖同名的其他变量。例如：

```python
>>> x = 42
>>> squares = [x*x for x in [1,2,3]]
>>> squares
[1, 4, 9]
>>> x
42
>>>
```

除了创建列表，还可以通过将方括号更改为花括号来创建 Set。这被称为 Set 解析式。一个 Set 解析式会提取一组不同的值。例如：

```python
# Set 解析式
names = { s['name'] for s in portfolio }
# names = { 'IBM', 'MSFT', 'HPE', 'CAT' }
```

如果指定了 key:value 对，则将创建一个字典。这就是所谓的字典解析式。例如：

```
prices = { s['name']:s['price'] for s in portfolio }
# prices = { 'IBM': 95.25, 'MSFT': 45.67, 'HPE': 34.51, 'CAT': 67.89 }
```

在创建 Set 和字典时，要注意后面的项目可能会覆盖前面的项目。例如，在 prices 字典中，你得到的是最后的'IBM'的价格。第一个'IBM'项的价格丢失了。

在一个解析式中，没法包含任何类型的异常处理。如果要解决该问题，可以考虑用函数包装异常，如下所示：

```
def toint(x):
    try:
        return int(x)
    except ValueError:
        return None

values = [ '1', '2', '-4', 'n/a', '-3', '5' ]
data1 = [ toint(x) for x in values ]
# data1 = [1, 2, -4, None, -3, 5]

data2 = [ toint(x) for x in values if toint(x) is not None ]
# data2 = [1, 2, -4, -3, 5]
```

可以使用:=运算符来避免该示例中的 toint(x)双重求值。例如：

```
data3 = [ v for x in values if (v:=toint(x)) is not None ]
# data3 = [1, 2, -4, -3, 5]

data4 = [ v for x in values if (v:=toint(x)) is not None and v >= 0 ]
# data4 = [1, 2, 5]
```

2.15　生成器表达式

生成器表达式是一个对象，它执行与列表解析式相同的计算，但迭代地产生结果。其语法与列表解析式相同，只是使用圆括号而不是方括号。下面是一个例子：

```
nums = [1,2,3,4]
squares = (x*x for x in nums)
```

与列表解析式不同，生成器表达式并不实际创建列表，也不会立即在括号内对表达式求值。相反，它创建一个生成器对象，通过迭代按需生成值。看一下这个例子的结果，就会看到：

```
>>> squares
<generator object at 0x590a8>
```

```
>>> next(squares)
1
>>> next(squares)
4
...
>>> for n in squares:
...     print(n)
9
16
>>>
```

一个生成器表达式只能使用一次。如果尝试第二次迭代，将一无所获：

```
>>> for n in squares:
...     print(n)
...
>>>
```

列表解析式和生成器表达式之间的区别很重要，但也很微妙。通过列表解析，Python
实际上创建了一个包含结果数据的列表。而使用生成器表达式，Python 创建的生成器只
知道如何根据需要生成数据；在某些应用程序中，这可以极大地提高性能和内存使用。
这里有一个例子：

```
# 读取一个文件
f = open('data.txt')                        # 打开一个文件
lines = (t.strip() for t in f)              # 读取每行，并移除每行头尾的空格或换行符
comments = (t for t in lines if t[0] == '#') # 获取所有注释行
for c in comments:
    print(c)
```

在本例中，提取行并删除头尾空白的生成器表达式实际上并不读取/保存整个文件到
内存。提取注释的表达式也是如此。相反，当程序在后面的 for 循环中开始迭代时，才
实际逐个读取文件行。在迭代期间，文件行将根据需要生成并进行相应的过滤。实际上，
在这个过程中，任何时候都不会将整个文件加载到内存中。因此，这是一种从 GB 级大
小的 Python 源代码中提取注释行的高效方法。

与列表解析式不同，生成器表达式不会创建像序列那样的工作对象。生成器表达
式不能被索引，而且通常的列表操作（比如 append()）都不会起作用。但是，生成器表达
式生成的项可以使用 list() 来转换为列表：

```
clist = list(comments)
```

当生成器表达式作为函数的单个参数传递时，可以删除圆括号。例如，以下语句是

等价的：

```
sum((x*x for x in values))
sum(x*x for x in values)     # 移除了额外的圆括号
```

在这两种情况下，都会创建一个生成器(x*x for x in values)，并将其传递给
sum()函数。

2.16　特性（.）运算符

点（.）运算符用于访问对象的特性。下面是一个例子：

```
foo.x = 3
print(foo.y)
a = foo.bar(3,4,5)
```

一个表达式中可以出现多个点运算符，如 foo.y.a.b。点运算符也可以应用于函数
的中间结果，如 a = foo.bar(3,4,5).spam。然而，从风格上讲，程序创建太长的特
性查找链并不常用。

2.17　函数调用()运算符

f(args)运算符对 f 进行函数调用。函数的每个参数都是一个表达式。在调用函数
之前，从左到右对所有参数表达式进行完全计算。这被称为"应用顺序评估"（或被称为
"应用顺序计算""应用顺序求值"）。关于函数的更多信息，可参见第 5 章的内容。

2.18　求值顺序

表 2.11 列出了 Python 运算符的计算顺序（优先规则）。除幂（**）运算符外的所有
运算符都从左到右求值，并在表 2.11 中按优先级从高到低排列。也就是说，在表 2.11 中，
先列出的运算符在后列出的运算符之前计算。包含在子部分中的运算符，如 x * y、x /
y、x // y、x @ y 和 x % y，具有相同的优先级。

表 2.11 中的求值顺序不依赖于 x 和 y 的类型。因此，即使用户定义的对象可以重新
定义某个运算符，也不可能自定义底层的求值顺序、优先级和结合规则。

表 2.11 计算顺序（优先级从高到低）

操　　作	描　　述
(...), [...], {...}	创建元组、列表和字典
s[i], s[i:j]	索引及切片
s.attr	特性查找
f(...)	函数调用
+x, -x, ~x	一元运算符
x ** y	幂运算（右结合）
x * y, x / y, x // y, x % y, x @ y	乘法、除法、截断除法、取模、矩阵乘法
x + y, x - y	加法、减法
x << y, x >> y	位移
x & y	位与
x ^ y	位异或
x | y	位或
x < y, x <= y, x > y, x >= y, x == y, x != y, x is y, x is not y, x in y, x not in y	比较、同一性和序列成员测试
not x	逻辑非
x and y	逻辑与
x or y	逻辑或
lambda args: expr	匿名函数
expr if expr else expr	条件表达式
name := expr	赋值表达式

当使用按位与（&）和按位或（|）运算符来表示逻辑与（and）和逻辑或（or）时，在优先规则上常犯这样的错误：

```
>>> a = 10
>>> a <= 10 and 1 < a
True
>>> a <= 10 & 1 < a    # 错啦！
False
>>>
```

后一个表达式被计算为 a <= (10 & 1) < a 或 a <= 0 < a。可以通过添加括号来修正：

```
>>> (a <= 10) & (1 < a)
True
>>>
```

这似乎是一种生僻的边缘用法，但它在数据应用包（如 numpy 和 pandas）中经常出现。逻辑运算符 and 与 or 不能自定义，因此只能使用位运算符——尽管它们具有更高的优先级，并且在布尔关系中使用时计算结果也不同。

2.19 最后的话：数据的秘密

Python 的一个最常用场景是数据处理与分析。在这个领域，Python 表现为一种协助你思考问题的"领域语言"。内置运算符和表达式是该语言的核心，其他一切都由此构建。因此，一旦围绕 Python 的内置对象和操作构建了一种直觉力，我们将发现自己的直觉无处不在。

例如，假设你正在处理数据库，并希望迭代查询返回的记录，你极可能马上想到用 for 语句来实现。或者，你正在处理数字数组，要对元素逐个执行数学运算，你就可能认为标准的数学运算符可以搞定——直觉是正确的。又或者，你正使用一个库通过 HTTP 协议来获取数据，并希望访问 HTTP 消息头的内容，这时候你自然就会认为使用类字典的方式是最合适的。

关于 Python 内部协议以及如何自定义它们的更多信息将在第 4 章中阐述。

3

程序结构与控制流

本章将详细介绍程序结构和控制流，主题包括条件、循环、异常与上下文管理器。

3.1 程序结构与执行

Python 程序由一系列语句构成。所有语言特性，包括变量赋值、表达式、函数定义、类和模块导入，都是语句，并与其他语句具有同等地位——这意味着任何语句几乎都可以放在程序中的任何位置（尽管某些语句如 return 只能出现在函数中）。例如，下面的代码在条件语句中定义了两个不同版本的函数：

```python
if debug:
    def square(x):
        if not isinstance(x,float):
            raise TypeError('Expected a float')
        return x * x
else:
    def square(x):
        return x * x
```

当加载源文件时，解释器按照语句出现的顺序来执行语句，直到没有语句可执行为止。这个执行模型既适用于作为主程序运行的文件，也适用于通过 import 加载的库文件。

3.2 条件执行

if、else 和 elif 语句控制条件代码的执行。条件语句的一般格式如下：

```python
if expression:
    statements
elif expression:
```

```
    statements
elif expression:
    statements
...
else:
    statements
```

如果不需要，则可以省略条件语句的 else 和 elif 子句。如果某个子句里没有语句，则使用 pass 语句来表示：

```
if expression:
    pass      # To do: 请实现
else:
    statements
```

3.3　循环与迭代

使用 for 和 while 语句实现循环，如下所示：

```
while expression:
    statements

for i in s:
    statements
```

while 语句会一直执行语句，直到相关表达式的计算结果为 False。for 语句遍历 s 中的所有元素，直到没有可用的元素。for 语句适用于任何支持迭代的对象。这包括内置的序列类型，如列表、元组和字符串，也包括任何实现迭代器协议的对象。

在 for i in s 语句中，变量 i 被称作迭代变量。在循环的每次迭代中，它从 s 接收一个新值。迭代变量的作用域不是 for 语句私有的。如果之前定义的变量具有相同的名称，则该值将被覆盖。此外，迭代变量在循环完成后保留最后一个值。

如果迭代生成的元素是相同尺寸的迭代对象，则可以使用如下语句将该迭代对象解构为单独的迭代变量：

```
s = [ (1, 2, 3), (4, 5, 6) ]

for x, y, z in s:
    statements
```

在这个例子中，s 必须包含或生成迭代对象，每个迭代对象都有 3 个元素。在每次迭代中，变量 x、y 和 z 被赋值为对应迭代对象的项目。虽然这种情况在 s 是一个元组序

列时最常见，但当 s 中的项目是任何类型的迭代对象（包括列表、生成器和字符串）时，
解构也可以工作。

有时会在解构时使用像_这样的可任意丢弃的变量。例如：

```
for x, _, z in s:
    statements
```

这里，一个值仍然被放置在_变量中，但是变量的名称意味着它在后面的语句中没有
意义或者没用。

如果迭代对象的项目的尺寸不统一，可以使用通配符的解构方式将多个值放在一个
变量中。例如：

```
s = [ (1, 2), (3, 4, 5), (6, 7, 8, 9) ]

for x, y, *extra in s:
    statements    # x = 1, y = 2, extra = []
                  # x = 3, y = 4, extra = [5]
                  # x = 6, y = 7, extra = [8, 9]
                  # ...
```

这个例子至少需要两个值 x 和 y。而*extra 接收任何可能出现的额外值，这些值总
是放在一个列表中。在一个解构中最多只能出现一个带星号的变量，但该变量可以出现
在任何位置。所以，这两种变体都是合法的：

```
for *first, x, y in s:
    ...

for x, *middle, y in s:
    ...
```

在循环时，除跟踪数据值外，有时跟踪数值索引也是很有用的。这里有一个例子：

```
i = 0
for x in s:
    statements
    i += 1
```

Python 提供了一个内置函数 enumerate()，可以用来简化这段代码：

```
for i, x in enumerate(s):
    statements
```

enumerate(s)创建一个迭代器，生成元组(0,s[0])、(1, s[1])、(2, s[2])，
以此类推。可以使用 enumerate()的 start 关键字参数为计数提供一个不同的起始值：

```
for i, x in enumerate(s, start=100):
    statements
```

这将生成形式诸如(100，s[0])、(101，s[1])的元组。

另一个常见的循环问题是并行迭代两个或多个迭代对象——例如，编写一个循环，每次迭代都从不同的序列中获取元素：

```
# s与t是两个序列
i = 0
while i < len(s) and i < len(t):
    x = s[i]    # 从s中获取一个项目
    y = t[i]    # 从t中获取一个项目
    statements
    i += 1
```

这段代码可以使用 zip()函数来简化。例如：

```
# s与t是两个序列
for x, y in zip(s, t):
    statements
```

zip(s,t)将迭代对象 s 和 t 组合成一个由(s[0]，t[0])、(s[1]，t[1])、(s[2]，t[2])这样的元组形式所构成的迭代对象。如果 s 和 t 的长度不相等，zip()的行为在较短序列的元素消耗光时停止。zip()的结果是一个迭代器，用于迭代时生成结果。如果希望将结果转换为列表，请使用 list(zip(s, t))。

要跳出循环，请使用 break 语句。例如，这段代码从文件中读取文本行，直到遇到空行：

```
with open('foo.txt') as file:
    for line in file:
        stripped = line.strip()
        if not stripped:
            break    # 遇到空行，停止读取
        # 处理非空行
        ...
```

要跳转到循环的下一个迭代（跳过循环体的剩余部分），请使用 continue 语句。在放弃一个条件测试分支，以及缩进造成程序嵌套太深或不必要的复杂时，这个语句很有用。例如，下面的循环会跳过文件中的所有空行：

```
with open('foo.txt') as file:
    for line in file:
        stripped = line.strip()
```

```
        if not stripped:
            continue    # 若遇到空行，则跳过循环体的剩余代码，开始循环的下一次迭代
        # 处理非空行
        ...
```

break 和 continue 语句只适用于正在执行的最内层循环。如果需要跳出深度嵌套的多层循环结构，可以考虑异常处理方式。Python 没有提供"goto"语句。还可以将 **else** 语句附加到循环结构中，如下例所示：

```
# for-else
with open('foo.txt') as file:
    for line in file:
        stripped = line.strip()
        if not stripped:
            break
        # 处理非空行
        ...
    else:
        raise RuntimeError('Missing section separator')
```

循环的 else 子句只在循环运行结束时才执行。这要么立即发生（如果循环根本不执行），要么在最后一次迭代后发生。如果使用 **break** 语句提前中止循环，则会跳过 **else** 子句。

循环 else 子句的主要应用场景是，在遍历数据时，为了应对循环过早中断，需要设置或者检查某种标志或条件的情况。例如，如果不使用 **else** 子句，前面的代码可能需要借助一个标志变量来重写，如下所示：

```
found_separator = False

with open('foo.txt') as file:
    for line in file:
        stripped = line.strip()
        if not stripped:
            found_separator = True
            break
        # 处理非空行
        ...
    if not found_separator:
        raise RuntimeError('Missing section separator')
```

3.4　异常

异常代表错误和程序正常控制流的中断。通过 raise 语句来引发异常。raise 语句的一般格式是 raise Exception([value])。其中，Exception 是异常类型；value 是一个可选值，给出关于异常的特定细节。这里有一个例子：

```
raise RuntimeError('Unrecoverable Error')
```

要捕获异常，请使用 **try** 和 **except** 语句，如下所示：

```
try:
    file = open('foo.txt', 'rt')
except FileNotFoundError as e:
    statements
```

当异常发生时，解释器停止执行 **try** 块中的语句，并寻找与所发生异常类型匹配的 except 子句。如果找到，控制权就传递给 except 子句中的第一个语句。完成 except 子句的执行后，继续执行整个 **try-except** 块之后出现的第一个语句。

try 语句没有必要匹配所有可能发生的异常。如果没有找到匹配的 except 子句，异常将继续传播，并可能由另一个在别处定义的可以处理该异常的 **try-except** 块捕获。作为良好的编程风格，应该只捕获可以恢复的异常。如果异常无法恢复，通常最好让异常往上传播。

如果一个异常一直传播到程序的顶层都没有被捕获，解释器就会带着一条错误消息终止程序。

如果调用 raise 语句，则会再次抛出最后生成的异常。这种情况只在处理之前抛出的异常时有效。例如：

```
try:
    file = open('foo.txt', 'rt')
except FileNotFoundError:
    print("Well, that didn't work.")
    raise    # 重新抛出当前异常
```

每个 **except** 子句都可以与 **as var** 修饰符一起使用，该修饰符给出一个变量的名称，如果发生异常，则将异常类型的实例放入该变量中。异常处理程序可以检查此变量的值，以了解有关异常原因的更多信息。例如，可以使用 isinstance() 来检查异常类型。

异常有一些标准特性，在需要执行进一步操作以响应错误时可能很有用。

```
e.args
```

异常抛出时提供的参数元组。在大多数情况下，这是一个包含错误描述的字符串的单项目元组。对于 **OSError** 异常，该值为二元组或三元组，包含整型错误号、错误消息字符串和可选的文件名。

e.__cause__

如果本异常（B）是为了响应处理另一个异常（A）而特意抛出的，则值为之前的那个异常（A）。请参阅后面关于链式异常的内容。

e.__context__

如果在处理另一个异常（A）时抛出了本异常（B），则值为之前的那个异常（A）。

e.__traceback__

与本异常相关的栈回溯对象。

用来保存异常值的变量只能在关联的 **except** 块中访问。一旦控制权离开块，变量就变为了未定义的。例如：

```
try:
    int('N/A')    # 抛出 ValueError
except ValueError as e:
    print('Failed:', e)

print(e)     # 失败信息 -> NameError. 'e' not defined.
```

可以使用多个 **except** 子句指定多个异常处理块：

```
try:
    do something
except TypeError as e:
    # 处理 Type error
    ...
except ValueError as e:
    # 处理 Value error
    ...
```

一个处理子句可以捕获多种异常类型，如下所示：

```
try:
    do something
except (TypeError, ValueError) as e:
    # 处理 Type error 或 Value error
    ...
```

要忽略异常，请使用 **pass** 语句，如下所示：

```
try:
    do something
except ValueError:
```

```
pass    # 什么都不做
```

无视错误通常是危险的，这也是难以发现代码问题的根源之一。即使要忽略错误，明智的做法通常也是在日志或其他地方报告该错误，以便日后检查。

要捕获与程序退出相关异常之外的所有异常，请像这样使用 Exception：

```
try:
    do something
except Exception as e:
    print(f'An error occurred : {e!r}')
```

在捕获所有异常时，应该非常小心地向用户报告准确的错误信息。例如，在前面的代码中，将打印一条错误消息和相关的异常值。如果不包含任何异常值信息，那么调试因莫名原因而失败的代码就会变得非常困难。

try 语句还支持 else 子句，它必须跟在最后一个 except 子句后面。如果 try 块中的代码没有引发异常，则执行此代码。这里有一个例子：

```
try:
    file = open('foo.txt', 'rt')
except FileNotFoundError as e:
    print(f'Unable to open foo : {e}')
    data = ''
else:
    data = file.read()
    file.close()
```

finally 语句定义了一个无论 try-except 块中发生什么都必须执行的清理操作。举个例子：

```
file = open('foo.txt', 'rt')
try:
    # 一些处理
    ...
finally:
    file.close()
    # 无论发生了什么，都要关闭文件
```

finally 子句不是用来捕获错误的。相反，它用于定义无论是否发生错误，都必须执行的代码。如果没有引发异常，finally 子句中的代码将在 try 块中的代码之后立即执行。如果发生异常，首先执行匹配的 except 块（如果有的话），然后将控制权传递给 finally 子句的第一个语句。如果 finally 子句中的代码执行完毕后，异常仍处于挂起状态，则该异常将被重新抛出，以便由另一个异常处理程序捕获。

3.4.1 异常层次

处理异常的一项挑战是管理程序中可能发生的大量异常。例如，仅内置异常就有 60 多个。再考虑到标准库的其他部分，异常可能会增加到数百个。此外，通常无法事先轻松确定代码随处可能引发的异常类型。异常不会被记录为函数调用签名的一部分，也没有哪种编译器可以验证代码中的正确异常处理。因此，异常处理有时会让人感觉杂乱无章。

针对这种挑战，应该认识到 Python 的异常是一种通过继承组织而成的层次结构。相对于考虑特定错误，关注更通用的错误类别可能会让事情变得更容易。现在来看看在容器中查找值时可能出现的不同错误：

```
try:
    item = items[index]
except IndexError:      # 如果 items 是一个序列，将抛出此异常
    ...
except KeyError:        # 如果 items 是一个映射，将抛出此异常
    ...
```

与其编写这么多的代码处理两个如此具体的异常，不如这么写来得简单：

```
try:
    item = items[index]
except LookupError:
    ...
```

LookupError 是一个表示异常的更高级别分组。IndexError 和 KeyError 都继承自 LookupError，所以这个 except 子句将捕获其中的任何一个问题。然而，LookupError 的范围并不涉及与查找无关的错误。

表 3.1 描述了最常见的内置异常类别。

BaseException 类很少直接用于异常处理，因为它匹配所有可能的异常，包括影响控制流的特殊异常，比如 SystemExit、KeyboardInterrupt 和 StopIteration。通常很少需要捕获这些异常。相反，所有与程序相关的普通错误都继承自 Exception。ArithmeticError 是所有与数学相关的错误的基础类型，比如 ZeroDivisionError、FloatingPointError 和 OverflowError。ImportError 是所有与导入相关的错误的基础类型。LookupError 是所有与容器查找相关的错误的基础类型。OSError 是源自操作系统和环境的所有错误的基础类型，它包含与文件、网络连接、权限、管道、超时等相关的各种异常。ValueError 异常通常在为操作提供错误输入值时抛出。UnicodeError 是 ValueError 的子类，对所有与 Unicode 相关的编码和解码错误进行分组。

表 3.1 异常类别

异常类型	描 述
BaseException	所有异常的根类
Exception	所有与程序相关的错误的基础类型
ArithmeticError	所有与数学相关的错误的基础类型
ImportError	所有与导入相关的错误的基础类型
LookupError	所有与容器查找相关的错误的基础类型
OSError	所有与系统相关的错误的基础类型。IOError 和 EnvironmentError 是别名
ValueError	与值相关的错误的基础类型，包括 Unicode
UnicodeError	与 Unicode 字符串编码相关的错误的基础类型

表 3.2 展示了一些常见的内置异常，它们直接继承自 Exception，而非其他的异常分组。

表 3.2 其他内置异常

异常类型	描 述
AssertionError	失败的断言语句
AttributeError	错误地查找对象的特性
EOFError	文件结束错误
MemoryError	可恢复的内存不足错误
NameError	在本地或全局命名空间中找不到名称
NotImplementedError	未实现的功能
RuntimeError	通用的 "something bad happened" 错误
TypeError	应用于错误类型对象的操作
UnboundLocalError	在赋值之前使用了局部变量

3.4.2 异常与控制流

通常，异常是为处理错误而准备的。不过，也有一些异常用于更改控制流。这些异常如表 3.3 所示，直接继承自 BaseException。

表 3.3 用于控制流的异常

异常类型	描 述
SystemExit	抛出，以指示程序退出
KeyboardInterrupt	当程序通过 Ctrl-C 组合键中断时抛出
StopIteration	抛出，以表示迭代的结束

SystemExit 异常用于让程序故意终止。可以提供整数退出码或字符串消息作为参

数。如果提供一个字符串，字符串将打印到 **sys.stderr**，同时程序以退出码 **1** 终止。下面是一个典型的例子：

```
import sys
if len(sys.argv) != 2:
    raise SystemExit(f'Usage: {sys.argv[0]} filename)

filename = sys.argv[1]
```

当程序接收到 **SIGINT** 信号（通常通过在终端中按下 Ctrl-C 组合键进行）时，会抛出 **KeyboardInterrupt** 异常。这个异常有点不寻常，因为它是异步的——这意味着它几乎可以在程序中的任何时间和任何语句上发生。在这种情况发生时，Python 的缺省行为是，简单地终止程序的运行。如果想控制 **SIGINT** 的传递，可以使用 **signal** 库模块（参见第 9 章）。

StopIteration 异常是迭代协议的一部分，表示迭代结束。

3.4.3   定义新异常

所有内置异常都是通过类型来定义的。要创建一个新异常，可创建一个继承自 **Exception** 的新类定义，如下所示：

```
class NetworkError(Exception):
    pass
```

像这样通过 raise 语句来使用我们的新异常：

```
raise NetworkError('Cannot find host')
```

当抛出异常时，随 raise 语句提供的可选值被用作异常的类构造函数的参数。在大多数情况下，这是一个包含某种错误消息的字符串。然而，用户定义的异常可以写入一个或多个异常值，如下例所示：

```
class DeviceError(Exception):
    def __init__(self, errno, msg):
        self.args = (errno, msg)
        self.errno = errno
        self.errmsg = msg

# 抛出一个异常（多个参数）
raise DeviceError(1, 'Not Responding')
```

当创建一个重新定义了 **__init__()** 的自定义异常类时，如上述代码所示，将包含了

__init__() 参数的元组分配给特性 **self.args** 是很重要的。**self.args** 特性在打印异常回溯消息时使用。如果将 **self.args** 保留为未定义，则发生错误时用户无法看到有关异常的任何有用信息。

　　可以使用继承将异常组织成一个层次结构。例如，前面定义的 **NetworkError** 异常可以作为各种更具体错误的基类。这里有一个例子：

```
class HostnameError(NetworkError):
    pass

class TimeoutError(NetworkError):
    pass

def error1():
    raise HostnameError('Unknown host')

def error2():
    raise TimeoutError('Timed out')

try:
    error1()
except NetworkError as e:
    if type(e) is HostnameError:
        # 对这类错误执行特定操作
        ...
```

　　在本例中，**except NetworkError** 子句捕获派生自 **NetworkError** 的任何异常。要找出所抛出错误的特定类型，请使用 **type()** 检查执行值的类型。

3.4.4　链式异常

　　有时，为了响应一个异常，我们可能希望抛出一个不同的异常。要达成此目标，可以抛出一个链式异常：

```
class ApplicationError(Exception):
    pass

def do_something():
    x = int('N/A')    # 抛出 ValueError 异常

def spam():
    try:
        do_something()
```

```
    except Exception as e:
        raise ApplicationError('It failed') from e
```

如果发生未捕获的 **ApplicationError**，我们将得到包含这两个异常的消息。例如：

```
>>> spam()
Traceback (most recent call last):
  File "c.py", line 9, in spam
    do_something()
  File "c.py", line 5, in do_something
    x = int('N/A')
ValueError: invalid literal for int() with base 10: 'N/A'

The above exception was the direct cause of the following exception:

Traceback (most recent call last):
  File "<stdin>", line 1, in <module>
  File "c.py", line 11, in spam
    raise ApplicationError('It failed') from e
__main__.ApplicationError: It failed
>>>
```

如果捕获一个 **ApplicationError**，所产生异常的 **__cause__** 特性将包含之前那个异常（本例中的 **ValueError** 异常）。例如：

```
try:
    spam()
except ApplicationError as e:
    print('It failed. Reason:', e.__cause__)
```

如果想在不包含其他异常链的情况下抛出一个新的异常，请像这样从 None 中抛出一个错误：

```
def spam():
    try:
        do_something()
    except Exception as e:
        raise ApplicationError('It failed') from None
```

出现在 **except** 块中的编码错误也会导致链式异常，但这种情况下工作方式略有不同。例如，假设我们有一些这样的错误代码：

```
def spam():
    try:
        do_something()
    except Exception as e:
```

```
    print('It failed:', err)    # err 未定义（打字错误）
```

产生的异常回溯消息就略有不同：

```
>>> spam()
Traceback (most recent call last):
  File "d.py", line 9, in spam
    do_something()
  File "d.py", line 5, in do_something
    x = int('N/A')
ValueError: invalid literal for int() with base 10: 'N/A'

During handling of the above exception, another exception occurred:

Traceback (most recent call last):
  File "<stdin>", line 1, in <module>
  File "d.py", line 11, in spam
    print('It failed. Reason:', err)
NameError: name 'err' is not defined
>>>
```

如果在处理另一个异常（上例中的 ValueError 异常）时抛出未预期的异常（上例中的 NameError 异常），则 __context__ 特性（而非 __cause__）保存错误发生时正在处理的异常（ValueError 异常）的信息。例如：

```
try:
    spam()
except Exception as e:
    print('It failed. Reason:', e)
    if e.__context__:
        print('While handling:', e.__context__)
```

在异常链中，预期异常和意外异常之间有一个重要的区别。在第一个示例中，编写代码是为了预料到出现异常的可能性。例如，代码被显式包装在一个 **try-except** 块中：

```
try:
    do_something()
except Exception as e:
    raise ApplicationError('It failed') from e
```

在第二种情况下，在 **except** 块中有一个编码错误：

```
try:
    do_something()
except Exception as e:
    print('It failed:', err)    # err 未定义
```

这两种情况之间的区别很微妙，也很重要。这种区别就是异常链信息为什么放在 __cause__ 或 __context__ 特性中的原因。__cause__ 特性在预料到失败可能性时使用。__context__ 特性在这两种情况下都可以使用，但 __context__ 是在处理一个异常过程中抛出的意外异常的唯一信息回溯源。

3.4.5　异常回溯

异常有一个对应的栈回溯结构，提供错误发生的位置信息。回溯结构存储在异常的 __traceback__ 特性中。出于报告或调试的目的，我们可能会希望自己生成回溯消息。可以使用 traceback 模块来完成这一任务。例如：

```
import traceback

try:
    spam()
except Exception as e:
    tblines = traceback.format_exception(type(e), e, e.__traceback__)
    tbmsg = ''.join(tblines)
    print('It failed:')
    print(tbmsg)
```

在这段代码中，format_exception()返回一个字符串列表，其中包含通常的异常回溯消息。参数提供了异常类型、异常值和回溯结构。

3.4.6　异常处理建议

在大型程序中，异常处理是最困难的事情之一。然而，有一些经验规则可以使异常处理来得更容易。

第一条规则是不要捕获那些不能在代码特定位置处理的异常。考虑这样一个函数：

```
def read_data(filename):
    with open(filename, 'rt') as file:
        rows = []
        for line in file:
            row = line.split()
            rows.append((row[0], int(row[1]), float(row[2])))
    return rows
```

假设 open() 函数由于文件名错误而失败。这个错误应该在此函数中使用 try-except 语句来捕获吗？ 可能不该这么做。如果调用者给出了错误的文件名，则没有合理的恢复方法。没有文件可以打开，没有数据可以读取，什么都不能做。这种情况下最好是让操作失败，然后向调用者报告一个异常。在 **read_data()** 中避免错误检查并不意味着永远不会在任何地方处理异常，在这里，只是意味着 **read_data()** 的角色不该做这件事。也许提示用户输入文件名才是应对这种异常情况的正确方式。

对于那些习惯依赖特定错误代码或包装结果类型的编程语言，这一建议似乎截然相反。在那些语言中，得小心翼翼地确保开发者始终都要检查所有操作的错误返回码。在 Python 中不会这样做，如果一个操作可能失败并且无法恢复，最好让它失败。异常将传播到程序的上层，通常由其他代码负责处理它。

另一方面，函数有可能从破坏数据中恢复。例如：

```python
def read_data(filename):
    with open(filename, 'rt') as file:
        rows = []
        for line in file:
            row = line.split()
            try:
                rows.append((row[0], int(row[1]), float(row[2])))
            except ValueError as e:
                print('Bad row:', row)
                print('Reason:', e)
    return rows
```

在捕获错误时，尽可能合理地让 except 子句缩窄。上面的代码可以通过使用 except Exception 来捕获所有错误。但是，这样做会使得代码捕获可能不应该被忽略的合法编码错误。[①]别这样做——这会使调试变得困难。

最后，如果要显式地抛出异常，请考虑创建自己的异常类型。例如：

```python
class ApplicationError(Exception):
    pass


class UnauthorizedUserError(ApplicationError):
    pass


def spam():
    ...
    raise UnauthorizedUserError('Go away')
    ...
```

---

① 如前面示例中的代码键入错误——err 未定义，它们本该在代码中修正，而非抛出。——译者注

大型代码库中更具挑战性的问题之一是，为程序失败分配责任。如果自己创建异常，则能够更好地区分有意抛出的错误和合法编码错误。如果程序因上面定义的某种 **ApplicationError** 错误类型而崩溃，那么我们将立即知道为什么会抛出该错误，因为我们编写了代码来执行此操作。另一方面，如果程序因 Python 内置异常（例如，**TypeError** 或 **ValueError**）而崩溃，则可能表明存在更严重的问题。

3.5　上下文管理器和 with 语句

当与异常结合使用时，正确管理文件、锁和连接等系统资源通常是一个棘手的问题。例如，抛出的异常可能导致控制流绕过负责释放关键资源（如锁）的语句。

with 语句允许在一个运行时上下文中执行一系列语句，该运行时上下文由一个作为上下文管理器的对象控制。下面是一个例子：

```python
with open('debuglog', 'wt') as file:
    file.write('Debugging\n')
    statements
    file.write('Done\n')



import threading
lock = threading.Lock()
with lock:
    # 关键代码
    statements
    # 关键代码结束
```

在第一个示例中，当控制流离开紧随 **with** 的语句块时，**with** 语句会自动关闭打开的文件。在第二个示例中，当控制流进入和离开紧随 **with** 的语句块时，**with** 语句自动获取和释放一个锁。

with obj 语句允许对象 **obj** 管理控制流进入和退出与之相关的语句块时发生的事情。当 **with obj** 语句执行时，它调用方法 **obj.__enter__()** 来标识正在进入一个新上下文。当控制流离开上下文时，执行方法 **obj.__exit__(type, value, traceback)**。如果没有抛出异常，则 **__exit__()** 的 3 个参数都设置为 None；否则，与导致控制流离开上下文的异常相关联的类型、值和回溯结构将分别包含于这 3 个参数中。如果 **__exit__()** 方法返回 True，则表明所抛出异常已被处理，不应再传播；返回 None 或 False 将导致异常传播。

with obj 语句接受一个可选的 as var 修饰符。如果给定该修饰符，
obj.__enter__()的返回值将放置到 var 中。var 的值通常与 obj 相同，因为这允许在
同一步骤中构造一个对象并将其用作上下文管理器。例如，考虑这个类：

```python
class Manager:
    def __init__(self, x):
        self.x = x

    def yow(self):
        pass

    def __enter__(self):
        return self

    def __exit__(self, ty, val, tb):
        pass
```

有了它，就可以只用一个简单的步骤来创建和使用一个实例作为上下文管理器：

```python
with Manager(42) as m:
    m.yow()
```

下面是一个涉及列表事务的更有趣的例子：

```python
class ListTransaction:
    def __init__(self,thelist):
        self.thelist = thelist

    def __enter__(self):
        self.workingcopy = list(self.thelist)
        return self.workingcopy

    def __exit__(self, type, value, tb):
        if type is None:
            self.thelist[:] = self.workingcopy
        return False
```

该类允许我们对现有列表进行一系列修改。但是，修改只有在没有异常发生的情况
下才生效。否则，原始列表将保持不变。例如：

```python
items = [1,2,3]

with ListTransaction(items) as working:
    working.append(4)
    working.append(5)
```

```
print(items)    # Produces [1,2,3,4,5]


try:
    with ListTransaction(items) as working:
        working.append(6)
        working.append(7)
        raise RuntimeError("We're hosed!")
except RuntimeError:
    pass

print(items)    # Produces [1,2,3,4,5]
```

contextlib 标准库模块包含与上下文管理器的更高级用法相关的功能。如果发现自己经常创建上下文管理器，可能这个模块值得你一看。

3.6   断言和__debug__

assert 语句可以在程序中引入调试代码。断言的一般形式如下：

```
assert test [, msg]
```

其中 test 是一个表达式，其值应为 True 或 False。如果 test 的结果为 False，则 assert 抛出 AssertionError 异常，并将可选消息 msg 提供给 assert 语句。这里有一个例子：

```
def write_data(file, data):
    assert file, 'write_data: file not defined!'
    ...
```

assert 语句不应该用于必须执行才能使程序正确的代码，因为如果 Python 在优化模式（在解释器中指定-O 选项）下运行，将不会执行 assert 语句。特别地，使用 assert 来检查用户输入或某些重要操作的成功与否是错误的。相反，assert 语句用于检查应该总是为真的不变量；如果检测结果不对（为假），则说明程序中存在一个 bug，而非用户的问题。

例如，如果前面所示的 write_data()函数是提供给最终用户使用的，则 assert 语句应该由常规的 if 语句及所需的错误处理代码来取代。

assert 的一个常用场景是测试。例如，你可以用它来给函数做一个简单测试：

```
def factorial(n):
```

```
    result = 1
    while n > 1:
        result *= n
        n -= 1
    return result

assert factorial(5) == 120
```

这种测试并不追求全面彻底，而是可以作为一种"冒烟测试"。如果函数有明显的问题，则代码将立即崩溃，并在导入时断言失败。

断言还可以用于在预期输入和输出上指定一种编程契约。例如：

```
def factorial(n):
    assert n > 0, "must supply a positive value"
    result = 1
    while n > 1:
        result *= n
        n -= 1
    return result
```

同样，这不是为了检查用户输入，它更多的是检查内部程序的一致性。如果其他一些代码尝试计算负阶乘，断言将失败，并指向违规代码，以便调试。

3.7　最后的话

虽然 Python 支持函数式和面向对象等多种编程范式，但程序执行的基本模型是命令式编程。也就是说，程序是由语句组成的，这些语句按照它们在源文件中出现的顺序依次执行。Python 只有 3 种基本的控制流结构：if 语句、while 循环和 for 循环。在理解 Python 如何执行程序方面，几乎没有什么难解之处。

到目前为止，最复杂和最容易出错的特性是异常。事实上，本章的大部分内容都集中在如何正确地处理异常方面。即使我们遵循了这里的建议，异常处理仍然是设计库、框架和 API 的一个脆弱环节。异常还可能破坏资源的正确管理——这个问题可以通过使用上下文管理器和 with 语句来解决。

本章并没有涉及能够定制几乎所有 Python 语言特性的技术——包括内置运算符，甚至本章描述的控制流也还有一些内容并未涉及。尽管 Python 程序在结构上通常看起来很简单，但在幕后往往有强大的魔力在发挥作用。其中大部分内容将在第 4 章进行描述。

4

对象、类型和协议

Python 程序操作各种类型的对象。Python 也有丰富的内置类型，比如数字、字符串、列表、Set 和字典。此外，在 Python 中可以使用类创建自己的类型。本章将描述底层的 Python 对象模型以及让所有对象工作的机制。在此，特别要关注定义各种对象核心行为的"协议"。

4.1　核心概念

程序中存储的每项数据都是一个对象。每个对象都有一个标识、一个类型（也被称为它的类，Class）和一个值。例如，当写下 a = 42 时，将创建一个值为 42 的整数对象。对象的标识是一个数字，表示它在内存中的位置；a 是指这个特定位置的标签，尽管标签不是对象本身的一部分。

对象的类型，也被称为对象的类，定义了对象的内部数据表示，以及支持的方法。当创建特定类型的对象时，该对象被称为该类型的实例。在创建实例后，它的标识便不会改变。如果一个对象的值可以修改，那么这个对象就是可变的。如果该值不能修改，则该对象被称为不可变的。包含对其他对象的引用的对象被称为容器。

对象通过特性特征化。特性是与对象相关联的值，使用点（.）操作符来访问。特性可以是简单的数据值，比如数字。然而，特性也可以是函数，以调用来执行某些操作，这样的函数被称为方法。下面的例子演示了如何访问特性：

```
a = 34              # 创建一个整数
n = a.numerator     # 获取 numerator（numerator 是一个特性）
b = [1, 2, 3]       # 创建一个列表
b.append(7)         # 使用 append 方法添加一个新元素
```

对象还可以实现各种运算符，比如+运算符。例如：

```
c = a + 10        # c = 34 + 10
d = b + [4, 5]    # d = [1, 2, 3, 7, 4, 5]
```

尽管运算符使用不同的语法，但它们最终都会映射到方法实现上。例如，a + 10 将执行 a.__add__(10)方法。

4.2　对象标识与类型

内置函数 id()返回对象的标识。标识是一个整数，通常对应于对象在内存中的位置。is 和 is not 运算符比较两个对象的标识。type()返回对象的类型。现在来看看比较两个对象的不同方法：

```
# 比较两个对象
def compare(a, b):
    if a is b:
        print('same object')
    if a == b:
        print('same value')
    if type(a) is type(b):
        print('same type')
```

再来看看上面这个函数是如何工作的：

```
>>> a = [1, 2, 3]
>>> b = [1, 2, 3]
>>> compare(a, a)
same object
same value
same type
>>> compare(a, b)
same value
same type
>>> compare(a, [4,5,6])
same type
>>>
```

对象的类型本身就是一个对象，被称为对象的类。该类型对象是唯一定义的，并且对于给定类型的所有实例来说总是相同的。类通常有名称（list、int、dict 等），可以用来创建实例、执行类型检查和提供类型提示。例如：

```
items = list()

if isinstance(items, list):
```

```
    items.append(item)

def removeall(items: list, item) -> list:
    return [i for i in items if i != item]
```

子类型（subtype）是由继承定义的类型。它包含初始类型的所有特性，以及额外的和/或重新定义的方法。继承将在第 7 章中阐述，但是这里有一个定义 list 子类型的例子，它添加了一个新方法：

```
class mylist(list):
    def removeall(self, val):
        return [i for i in self if i != val]

# 示例
items = mylist([5, 8, 2, 7, 2, 13, 9])
x = items.removeall(2)
print(x)    # [5, 8, 7, 13, 9]
```

isinstance(instance, type)函数是根据类型来检查值的首选方法，因为它知道子类型。它还可以检查许多可能的类型。例如：

```
if isinstance(items, (list, tuple)):
    maxval = max(items)
```

尽管可以使用类型检查，但它通常没那么有用。首先，过多的检查会影响性能。其次，程序定义的对象并不总是能很好地适应类型层次结构。例如，如果前面 isinstance(items, list)语句的目的是为了测试 items 是否是 "list-like" 类型的，则它不能处理与列表具有相同编程接口但又不直接继承自内置 list 类型的对象（一个例子是来自 collections 模块的 deque）。

4.3 引用计数与垃圾回收

Python 通过自动垃圾回收来管理对象。所有对象都是引用计数的。当对象赋值给一个新名称或放置在一个容器（如列表、元组或字典）中时，对象的引用计数会增加：

```
a = 37        # 用值 37 创建一个对象
b = a         # 对 37 增加引用计数
c = []
c.append(b)   # 对 37 增加引用计数
```

此示例创建一个包含值 37 的对象。a 是最初引用新创建对象的名称。当 b 被赋值为

a 时，b 就成为同一个对象的一个新名称，并且对象的引用计数增加。当把 b 放入列表时，对象的引用计数再次增加。在整个示例中，只有一个对象对应 37。其他所有操作都是创建对该对象的引用。

一个对象的引用计数在遇到 del 语句、引用超出范围或引用重新分配时会减少。这是一个例子：

```
del a          # 对 37 减少引用计数
b = 42         # 对 37 减少引用计数
c[0] = 2.0     # 对 37 减少引用计数
```

对象的当前引用计数可以通过 sys.getrefcount()函数获得。例如：

```
>>> a = 37
>>> import sys
>>> sys.getrefcount(a)
7
>>>
```

引用计数通常比预期的要高得多。对于像数字和字符串这样的不可变数据，解释器积极地在程序的不同部分之间共享对象，以节省内存。我们只是没有注意到这一点，因为对象是不可变的。

当一个对象的引用计数达到 0 时，它将被垃圾收集器回收。然而，在某些情况下，循环依赖关系可能存在于不再使用的对象集合中。这里有一个例子：

```
a = { }
b = { }
a['b'] = b     # a 包含 b 的引用
b['a'] = a     # b 包含 a 的引用
del a
del b
```

在本例中，del 语句会减少 a 和 b 的引用计数，并销毁用于引用底层对象的名称。然而，由于每个对象都包含对另一个对象的引用，引用计数不会下降到零，并且对象仍然保持分配状态。解释器不会泄漏内存，但对象的销毁将被延迟——直到循环检测器执行，以查找和删除不可访问的对象。当解释器在执行过程中分配越来越多的内存时，循环检测算法周期性地运行。可以使用 gc 标准库模块中的函数调整和控制精确行为。gc.collect()函数可用于立即调用循环垃圾收集器。

在大多数程序中，垃圾回收是一种无须过多考虑就会简单发生的事情。但是，在某些情况下，手动删除对象是有意义的。当处理庞大的数据结构时，就会出现这样的场景。例如，考虑以下代码：

```
def some_calculation():
    data = create_giant_data_structure()
    # 在计算的某些部分使用数据
    ...
    # 释放数据
    del data

    # 继续计算
    ...
```

在这段代码中，`del data` 语句的使用表明不再需要该 data（数据）变量。如果这导致引用计数达到 0，则此时对象将被垃圾收集器回收。如果没有 `del` 语句，对象将持续存在一段不确定的时间，直到 data 变量在函数结束时超出了作用域。开发者可能只会在调查内存占用过多时才会注意到这一点。

4.4　引用与复制

当程序进行赋值时，比如 b = a，就会创建一个对 a 的新引用。对于像数字和字符串这样的不可变对象，这个赋值似乎创建了一个 a 的副本（尽管事实并非如此）。然而，对于像列表和字典这样的可变对象，其行为似乎完全不同。这里有一个例子：

```
>>> a = [1,2,3,4]
>>> b = a          # b 是 a 的引用
>>> b is a
True
>>> b[2] = -100    # 改变 b 中的一个元素
>>> a              # 请注意，a 也跟着变化了
[1, 2, -100, 4]
>>>
```

由于在这个例子中 a 和 b 引用了同一个对象，因此对其中一个变量所做的更改会反映在另一个变量中。为了避免这种情况，必须创建一个对象的副本，而不是一个新的引用。

对于容器对象（如列表和字典），存在两种类型的复制操作：浅复制和深复制。浅复制创建一个新对象，但使用原始对象所包含项目的引用来填充容器。这里有一个例子：

```
>>> a = [ 1, 2, [3,4] ]
>>> b = list(a)        # 创建一个 a 的浅复制
>>> b is a
False
>>> b.append(100)      # 将元素追加到 b
```

```
>>> b
[1, 2, [3, 4], 100]
>>> a                    # 注意，a 没有改变
[1, 2, [3, 4]]
>>> b[2][0] = -100       # 修改 b 中的一个元素
>>> b
[1, 2, [-100, 4], 100]
>>> a                    # 注意 a 内部的变化
[1, 2, [-100, 4]]
>>>
```

在本例中，a 和 b 是单独的列表对象，但它们所包含的元素是共享的。因此，修改 a 的一个元素也会修改 b 的一个元素，如上所示。

深复制创建一个新对象，并递归地复制待复制对象包含的所有对象。没有内置运算符可供创建对象的深度副本，但是可以使用标准库中的 copy.deepcopy() 函数：

```
>>> import copy
>>> a = [1, 2, [3, 4]]
>>> b = copy.deepcopy(a)
>>> b[2][0] = -100
>>> b
[1, 2, [-100, 4]]
>>> a    # 注意，a 并未改变
[1, 2, [3, 4]]
>>>
```

大多数程序都不鼓励使用 deepcopy()。对象的复制很慢，而且常常是不必要的。将 deepcopy() 用在以下情况：需要一个副本，因为要改变数据，且不希望更改影响到原始对象。另外要注意，deepcopy() 对于涉及系统或运行时状态的对象（比如打开的文件、网络连接、线程、生成器等）将会失败。

4.5　对象的表示与打印

程序经常需要显示对象——例如，出于调试目的，向用户显示数据或打印数据。如果向 print(x) 函数提供一个对象 x，或者使用 str(x) 将 x 转换为一个字符串，通常会得到一个"友好的"人类可读的对象值表示。例如，考虑一个涉及日期的例子：

```
>>> from datetime import date
>>> d = date(2012, 12, 21)
>>> print(d)
2012-12-21
```

```
>>> str(d)
'2012-12-21'
>>>
```

对象的这种"友好的"表示可能不足以进行调试。例如，在上述代码的输出中，没有明显的方法来知道变量 d 是一个 date 实例还是一个包含文本 '2012-12-21' 的简单字符串。要获取更多信息，请使用 repr(x) 函数，该函数创建一个对象表示字符串。必须在源代码中输入该函数，才能创建对象表示字符串。例如：

```
>>> d = date(2012, 12, 21)
>>> repr(d)
'datetime.date(2012, 12, 21)'
>>> print(repr(d))
datetime.date(2012, 12, 21)
>>> print(f'The date is: {d!r}')
The date is: datetime.date(2012, 12, 21)
>>>
```

在字符串格式化中，可以将 !r 后缀添加到值来生成 repr() 值，以区别常规的字符串转换。

4.6 头等对象

Python 中的所有对象都被认为是头等对象。这意味着所有可以被赋值给一个名称的对象也可以被视为数据。作为数据，对象可以被当作变量存储、作为参数传递、从函数返回、与其他对象进行比较等。例如，这里有一个包含两个值的简单字典：

```
items = {
    'number' : 42
    'text' : "Hello World"
}
```

向这个字典中添加一些不太一样的项目，以查看一下对象头等性的特点：

```
items['func'] = abs            # 添加 abs()函数
import math
items['mod'] = math            # 添加一个模块
items['error'] = ValueError    # 添加一个异常类型
nums = [1,2,3,4]
items['append'] = nums.append  # 添加另一个对象的方法
```

在本例中，items 字典现在包含一个函数、一个模块、一个异常和另一个对象的一个方法。如果愿意，可以在 `items` 上使用字典查找来代替原来的名称，代码仍然可以工作。例如：

```
>>> items['func'](-45)           # 执行 abs(-45)
45
>>> items['mod'].sqrt(4)         # 执行 math.sqrt(4)
2.0
>>> try:
...     x = int('a lot')
... except items['error'] as e:  # 等同于：except ValueError as e
...     print("Couldn't convert")
...
Couldn't convert
>>> items['append'](100)         # 执行 nums.append(100)
>>> nums
[1, 2, 3, 4, 100]
>>>
```

Python 中的所有内容都是头等性的，这一事实通常不为新手所充分理解。然而，可以利用该特性来编写非常紧凑和灵活的代码。

例如，假设有一行文本 "ACME,100,490.10"，我们希望通过适当的类型转换手段将其转换为值列表。下面是一种聪明的方法，创建类型列表（它是头等对象），并执行一些常见的列表处理操作：

```
>>> line = 'ACME,100,490.10'
>>> column_types = [str, int, float]
>>> parts = line.split(',')
>>> row = [ty(val) for ty, val in zip(column_types, parts)]
>>> row
['ACME', 100, 490.1]
>>>
```

将函数或类放在字典中是消除复杂 `if-elif-else` 语句的常用技术。例如，如果我们有这样的代码：

```
if format == 'text':
    formatter = TextFormatter()
elif format == 'csv':
    formatter = CSVFormatter()
elif format == 'html':
    formatter = HTMLFormatter()
else:
    raise RuntimeError('Bad format')
```

就可以通过字典来重写这段代码：

```
_formats = {
    'text': TextFormatter,
    'csv': CSVFormatter,
    'html': HTMLFormatter
}

if format in _formats:
    formatter = _formats[format]()
else:
    raise RuntimeError('Bad format')
```

后一种形式也更灵活，因为可以通过在字典中插入更多的项目来添加新的情况，而不必修改庞大的 **if-elif-else** 语句块。

4.7　对可选的或缺失的数据使用 None

有时候程序需要表示一个可选的或缺失的值。None 就是用于此的特殊实例。没有显式返回值的函数会返回 None。None 也经常被用作可选参数的缺省值，以便函数可以检测调用者是否实际传递了该参数的值。None 没有特性，在布尔表达式中计算为 False。

在内部，None 被存储为单例——也就是说，解释器中只有一个 None 值。因此，测试值是否为 None 的一种常见方式是，像下面这样使用 is 操作符：

```
if value is None:
    statements
    ...
```

使用==操作符测试 None 也可以，但不推荐使用，而且这样可能会被代码检查工具标记为样式错误。

4.8　对象协议及数据抽象

大多数 Python 语言特性都是由协议（Protocol）定义的。考虑以下函数：

```
def compute_cost(unit_price, num_units):
    return unit_price * num_units
```

现在，问自己一个问题：允许哪些输入？答案很简单——一切都是允许的！乍一看，这个函数似乎可以应用于数字：

```
>>> compute_cost(1.25, 50)
62.5
>>>
```

事实上，它正如预期那样工作。然而，该函数可以处理更多的问题。我们可以使用特殊的数字，如分数或小数：

```
>>> from fractions import Fraction
>>> compute_cost(Fraction(5, 4), 50)
Fraction(125, 2)
>>> from decimal import Decimal
>>> compute_cost(Decimal('1.25'), Decimal('50'))
Decimal('62.50')
>>>
```

不仅如此，该函数还可以处理数组和如 numpy 这样的包里的其他复杂结构。例如：

```
>>> import numpy as np
>>> prices = np.array([1.25, 2.10, 3.05])
>>> units = np.array([50, 20, 25])
>>> compute_cost(prices, quantities)
array([62.5 , 42. , 76.25])
>>>
```

该函数甚至可能以意想不到的方式工作：

```
>>> compute_cost('a lot', 10)
'a lota lota lota lota lota lota lota lota lota lot'
>>>
```

然而，某些类型的组合会失败：

```
>>> compute_cost(Fraction(5, 4), Decimal('50'))
Traceback (most recent call last):
  File "<stdin>", line 1, in <module>
  File "<stdin>", line 2, in compute_cost
TypeError: unsupported operand type(s) for *: 'Fraction' and 'decimal.Decimal'
>>>
```

与静态语言的编译器不同，Python 不会事先验证程序的正确行为。相反，对象的行为是由一个动态过程决定的，这个过程涉及所谓的特殊方法或魔术方法的分派。这些特殊方法的名称前后总是加上双下画线（__）。这些方法在程序执行时由解释器自动触发。例如，x * y 操作由 x.__mul__(y)方法执行。这些方法的名称与其对应的运算符是强相关的。任何给定对象的行为完全取决于它实现的一组特殊方法。

接下来的几节将描述一些特殊方法，这些特殊方法与不同类别的解释器核心特性相关联。这些类别有时被称作"协议"。一个对象，包括一个自定义类，可以定义这些特性的任何组合，让对象以不同方式运行。

4.9　对象协议

表 4.1 中的方法与对象的整个管理有关。这包括对象的创建、初始化、销毁和表示。

表 4.1　对象管理的相关方法

方　法	描　述
__new__(cls [,*args [,**kwargs]])	用于创建新实例的静态方法
__init__(self [,*args [,**kwargs]])	在新实例创建后，调用该函数来初始化新实例
__del__(self)	在实例被销毁时调用
__repr__(self)	创建字符串表示

__new__() 和 __init__() 方法一起用于创建和初始化实例。当通过调用 SomeClass(args) 创建一个对象时，SomeClass(args) 会被转换成以下步骤：

```
x = SomeClass.__new__(SomeClass, args)
if isinstance(x, SomeClass):
    x.__init__(args)
```

通常，这些步骤是在幕后处理的，因此无须我们过多考虑。对于一个类，其中最常用到的实现方法是 __init__()。而一旦使用 __new__()，就几乎总是意味着用到了与实例创建相关的高级魔法。例如，在绕过 __init__() 的类方法中，在某些创建型设计模式（如单例）中，或在缓存设计中，均会用到 __new__()。__new__() 的实现没必要非得返回相关类的实例——如果没有返回实例，则创建时后续对 __init__() 的调用将跳过。

当一个实例即将被垃圾收集器回收时，会调用 __del__() 方法。此方法仅在实例不再使用时调用。注意，del x 语句只会减少实例引用计数，但并不一定会导致调用 __del__()。除非实例在销毁时需要执行额外的资源管理步骤，否则我们几乎不会定义 __del__()。

__repr__() 方法由内置的 repr() 函数调用，它创建一个对象的字符串表示，该对象可用于调试和打印。这也是在交互式解释器中检查变量时负责创建可见输出值的方法。按照约定，__repr__() 将返回一个表达式字符串，该表达式字符串可以用 eval() 处理，以重新创建对象。例如：

```
a = [2, 3, 4, 5]  # 创建一个列表
s = repr(a)       # s = '[2, 3, 4, 5]'
```

```
b = eval(s)        # 将 s 转换回列表
```

如果未（或无法）创建字符串表达式，按照约定，__repr__()将返回一个形式为
<…message…>的字符串，如下所示：

```
f = open('foo.txt')
a = repr(f)
# a = "<_io.TextIOWrapper name='foo.txt' mode='r' encoding='UTF-8'>
```

4.10　数字协议

表 4.2 列出了对象提供数学运算时必须实现的特殊方法。

表 4.2　数学运算方法

方　　法	描　　述
__add__(self, other)	self + other
__sub__(self, other)	self - other
__mul__(self, other)	self * other
__truediv__(self, other)	self / other
__floordiv__(self, other)	self // other
__mod__(self, other)	self % other
__matmul__(self, other)	self @ other
__divmod__(self, other)	divmod(self, other)
__pow__(self, other [, modulo])	self ** other 或 pow(self, other, modulo)
__lshift__(self, other)	self << other
__rshift__(self, other)	self >> other
__and__(self, other)	self & other
__or__(self, other)	self | other
__xor__(self, other)	self ^ other
__radd__(self, other)	other + self
__rsub__(self, other)	other - self
__rmul__(self, other)	other * self
__rtruediv__(self, other)	other / self
__rfloordiv__(self, other)	other // self
__rmod__(self, other)	other % self
__rmatmul__(self, other)	other @ self
__rdivmod__(self, other)	divmod(other, self)
__rpow__(self, other)	other ** self

续表

方 法	描 述
__rlshift__(self, other)	other << self
__rrshift__(self, other)	other >> self
__rand__(self, other)	other & self
__ror__(self, other)	other | self
__rxor__(self, other)	other ^ self
__iadd__(self, other)	self += other
__isub__(self, other)	self -= other
__imul__(self, other)	self *= other
__itruediv__(self, other)	self /= other
__ifloordiv__(self, other)	self //= other
__imod__(self, other)	self %= other
__imatmul__(self, other)	self @= other
__ipow__(self, other)	self **= other
__iand__(self, other)	self &= other
__ior__(self, other)	self |= other
__ixor__(self, other)	self ^= other
__ilshift__(self, other)	self <<= other
__irshift__(self, other)	self >>= other
__neg__(self)	-self
__pos__(self)	+self
__invert__(self)	~self
__abs__(self)	abs(self)
__round__(self, n)	round(self, n)
__floor__(self)	math.floor(self)
__ceil__(self)	math.ceil(self)
__trunc__(self)	math.trunc(self)

当出现 x + y 这样的表达式时，解释器会调用 x.__add__(y)或 y.__radd__(x)方法的组合来执行操作。起始选择是在所有情况下尝试 x.__add__(y)。但如果是 y 刚好为 x 的子类型的特殊情况，则 y.__radd__(x)优先执行。如果初始方法因返回 NotImplemented 而失败，则会尝试用反向操作数调用运算，如 y.__radd__(x)。如果第二次尝试失败，则整个运算失败。下面是一个例子：

```
>>> a = 42    # int
>>> b = 3.7   # float
>>> a.__add__(b)
```

```
NotImplemented
>>> b.__radd__(a)
45.7
>>>
```

这个例子可能看起来令人惊讶，但它反映了一个事实，即整数实际上并不"接受"浮点数。然而，浮点数确实能够"接受"整数——因为整数在数学上是一种特殊的浮点数。因此，反向操作数产生了正确的答案。

方法 `__iadd__()`、`__isub__()` 等用于实现就地算术运算符，如 a += b 和 a -= b（其也被称为增量赋值）。这些运算符与标准算术方法之间存在区别，因为就地运算符的实现会提供某些定制或性能优化。例如，如果对象不是共享的，就可以就地修改对象的值，而无须为结果分配新建对象。如果就地运算符未定义，诸如 a += b 这样的运算就会使用 a = a + b 来求值。

不存在可以用来定义 and、or 或 not 逻辑运算符行为的方法。and 和 or 运算符实现短路评估；如果最终结果已经可以确定，则停止评估。例如：

```
>>> True or 1/0      # 不会计算 1/0
True
>>>
```

这种涉及未求值的子表达式的行为无法用普通函数或方法的求值规则来表示。因此，不存在用于重新定义这些逻辑运算符的协议或方法集。相反，这些逻辑运算符在 Python 自身内部实现中作为一种特殊情况进行处理。

4.11　比较协议

对象可以用各种方式进行比较。最基本的检查是使用 is 运算符进行同一性检查，例如 a is b。同一性不考虑存储在对象中的值（即使它们碰巧是相同的）。例如：

```
>>> a = [1, 2, 3]
>>> b = a
>>> a is b
True
>>> c = [1, 2, 3]
>>> a is c
False
>>>
```

is 运算符是 Python 的内部成分，不能重新定义。而对对象的其他比较方式，都是由

表 4.3 中的方法实现的。

表 4.3　实例比较方法和哈希方法

方　　法	描　　述
__bool__(self)	对于真值测试, 返回 False 或 True
__eq__(self, other)	self == other
__ne__(self, other)	self != other
__lt__(self, other)	self < other
__le__(self, other)	self <= other
__gt__(self, other)	self > other
__ge__(self, other)	self >= other
__hash__(self)	计算一个整型哈希索引

　　如果存在__bool__()方法, 当测试对象作为条件或条件表达式的一部分进行测试时, 测试对象将使用__bool__()方法来测试真值。例如:

```
if a:    # 执行a.__bool__()
    ...
else:
    ...
```

　　如果__bool__()未定义, 则__len__()将作为回退方案。如果__bool__()和__len__()都未定义, 则将对象简单地视为 True。

　　对于==和!=运算符, 通过__eq__()方法来检测基本相等性。__eq__()的缺省实现使用 is 运算符的同一性检查来比较对象。如果存在__ne__()方法, 则可以用__ne__()来实现对!=的特定处理; 但只要定义了__eq__(), 通常就不再需要__ne__()了。

　　排序由关系运算符(<、>、<=和>=)使用诸如__lt__()和__gt__()之类的方法来实现。与其他数学运算一样, 排序的求值规则也很微妙。比如 a < b, 解释器首先执行 a.__lt__(b)。但如果是 b 为 a 的子类型的特定情况, 则先执行 b.__gt__(a)。如果初始方法没有定义或返回 NotImplemented, 解释器会尝试反向比较, 调用 b.__gt__(a)。类似的规则也适用于<=和>=等运算符。例如, 执行<=首先尝试对 a.__le__(b)求值。如果__le__()没有实现, 则尝试 b.__ge__(a)。

　　每个比较方法都有两个参数, 并允许返回任何类型的值, 包括布尔值、列表或任何其他 Python 类型。例如, 一个数值包可能使用比较方法来执行两个矩阵的元素级比较, 并返回一个包含各个对应元素比较结果的矩阵。如果无法进行比较, 则方法返回内置对象 NotImplemented。NotImplemented 跟 NotImplementedError 异常并不是同一个东西。例如：

```
>>> a = 42      # int
>>> b = 52.3    # float
>>> a.__lt__(b)
NotImplemented
>>> b.__gt__(a)
True
>>>
```

对于有序对象来说，没必要实现表 4.3 中的所有比较方法。如果我们想对对象排序，或使用像 min() 或 max() 这样的函数，则至少必须定义 __lt__()。如果要将比较运算符添加到自定义类中，functools 模块中的 @total_ordering 类装饰器可能会有些用处。只要至少实现 __eq__() 和其他比较方法中的一个，它就可以生成所有其他比较方法。

__hash__() 方法通常定义在要放入 Set 的实例上，或用作映射（字典）键的实例上。__hash__() 方法的返回值是一个整数，对于两个比较结果为相等的实例，该值应该是相同的。此外，__eq__() 应该总是与 __hash__() 一起定义，因为这两个方法一起工作。__hash__() 的返回值通常用作各种数据结构的内部实现细节。但是，两个不同的对象可能有相同的哈希值，因此，__eq__() 对于解决潜在的冲突是必要的。

4.12　转换协议

有时，必须将对象转换为内置类型，如字符串或数字。可定义表 4.4 中的方法，以用于转换目的。

表 4.4　转换方法

方　　法	描　　述
__str__(self)	转换为字符串
__bytes__(self)	转换为字节
__format__(self, format_spec)	创建一个格式化表示
__bool__(self)	bool(self)
__int__(self)	int(self)
__float__(self)	float(self)
__complex__(self)	complex(self)
__index__(self)	转换为整数索引[self]

__str__() 方法由内置的 str() 函数和与打印相关的函数调用。__format__() 方法

由 format()函数或字符串的 format()方法调用，format_spec 参数是一个包含格式规范的字符串，此字符串与 format()的 format_spec 参数相同。例如：

```
f'{x:spec}'                    # 调用 x.__format__('spec')
format(x, 'spec')              # 调用 x.__format__('spec')
'x is {0:spec}'.format(x)      # 调用 x.__format__('spec')
```

格式规范的语法是任意的，可以逐个对象定制。但是，对于内置类型来讲，这里有一组标准的约定。有关字符串格式的更多信息，包括修饰符的一般格式，可以在第 9 章中找到。

如果将实例传递给 bytes()，则在 Python 底层，实际上是通过__bytes__()方法来创建字节表示的。不是所有类型都支持字节转换。

数值转换方法__bool__()、__int__()、__float__()和__complex__()将产生相应的内置类型的值。

Python 从不使用这些方法执行隐式类型转换。因此，即使对象 x 实现了__int__()方法，表达式 3 + x[1]仍然会产生 TypeError。执行__int__()的唯一方法是显式使用 int()函数。

当在需要整数值的操作中使用对象时，__index__()方法将执行该对象的整数值转换。常用的应用场景包括序列操作的索引。例如，如果 items 是一个列表，而 x 不是整数，执行 items[x]这样的操作将尝试执行 items[x.__index__()]。__index__()也可用于各种进制转换，如 oct(x)和 hex(x)。

4.13　容器协议

表 4.5 中的方法供那些想要实现各种容器类型（如列表、字典、Set 等）的对象使用。

表 4.5　容器方法

方　法	描　述
__len__(self)	返回 self 的长度
__getitem__(self, key)	返回 self[key]
__setitem__(self, key, value)	设置 self[key] = value
__delitem__(self, key)	删除 self[key]
__contains__(self, obj)	obj in self

---

① 此处的 x 当为非整型的，比如是字符串。——译者注

举个例子：

```
a = [1, 2, 3, 4, 5, 6]
len(a)      # a.__len__()
x = a[2]    # x = a.__getitem__(2)
a[1] = 7    # a.__setitem__(1,7)
del a[2]    # a.__delitem__(2)
5 in a      # a.__contains__(5)
```

　　__len__()方法由内置的 len()函数调用，返回一个非负长度。如果未定义 __bool__()方法，len()函数也会决定对象的真假值。[①]

　　对于访问项目个体，__getitem__()方法通过键返回一个项目。键可以是任何 Python 对象，但对于有序序列（如列表和数组），键应该是整数。__setitem__()方法给一个元素赋值。当 del 操作应用于单个元素时，将调用__delitem__()方法。__contains__()方法用于实现 in 运算符。

　　切片操作，如 x = s[i:j]，也是通过__getitem__()、__setitem__()和 __delitem__()方法来实现的。对于切片，一个特殊的 slice 实例将作为键参数传递给这些方法，这个 slice 实例具有描述所请求切片的范围的特性。例如：

```
a = [1,2,3,4,5,6]
x = a[1:5]              # x = a.__getitem__(slice(1, 5, None))
a[1:3] = [10,11,12]     # a.__setitem__(slice(1, 3, None), [10, 11, 12])
del a[1:4]              # a.__delitem__(slice(1, 4, None))
```

　　Python 的切片特性比许多程序员想象中的更强大。例如，以下扩展切片的变体在 Python 中都是被支持的，并且在处理多维数据结构（如矩阵和数组）时也常常很有用：[②]

```
a = m[0:100:10]            # 步进切片（步长=10）
b = m[1:10, 3:20]          # 多维切片
c = m[0:100:10, 50:75:5]   # 带步长的多维切片
m[0:5, 5:10] = n           # 扩展切片的赋值操作
del m[:10, 15:]            # 扩展切片的删除操作
```

　　扩展切片的每个维度的一般格式是 i:j[:stride]，其中 stride 是可选的。与普通切片一样，可以省略切片各维度部分的开始值或结束值。

　　此外，Ellipsis（写为...）可用来表示扩展切片中任意数量的尾随或前导维度：

---

① 如果此时__len__()返回 0，则该对象被判断为假。——译者注

② 要验证下列代码，可事先构造一个 NumPy 数组（前提是预先安装了 numpy 库）：import numpy as np; m = np.arange(100*100).reshape(100, 100)。最后一个 del m[:10, 15:]示例代码则需要自定义才能实现。——译者注

```
a = m[..., 10:20]    # 用 Ellipsis 访问扩展切片
m[10:20, ...] = n
```

当使用扩展切片时，__getitem__()、__setitem__()和__delitem__()方法分别实现访问、修改和删除。但是，传递给这些方法的值不是整数，而是切片或 Ellipsis 对象组合的元组。例如：

```
a = m[0:10, 0:100:5, ...]
```

__getitem__()的调用方式如下：

```
a = m.__getitem__((slice(0,10,None), slice(0,100,5), Ellipsis))
```

目前，Python 的字符串、元组和列表提供了对扩展切片的一些支持。但 Python 及其标准库并未触及多维切片或 Ellipsis 等特性。这些特性完全留给第三方库和框架使用，在 numpy 这样的库中，可能最常看到这些特性的应用场景。

4.14 迭代协议

假设有一个实例对象 obj 支持迭代，则它会提供一个方法 obj.__iter__()，该方法返回一个迭代器。而一个迭代器 iter，则会实现一个方法 iter.__next__()，该方法返回下一个对象或抛出 StopIteration 异常，以标识迭代结束。这些方法供 for 语句以及其他隐式执行迭代的操作使用。例如，for x in s 语句通过以下步骤得以执行：

```
_iter = s.__iter__()
while True:
    try:
        x = _iter.__next__()
    except StopIteration:
        break
    # 处理 for 循环体中的语句
```

如果对象实现了__reversed__()特殊方法，则该对象支持反向迭代器特性。此方法应返回一个与普通迭代器具有相同接口（即在迭代结束时抛出 StopIteration 的__next__()方法）的迭代器对象。__reversed__()方法由 Python 内置的 reversed()函数使用。例如：

```
>>> for x in reversed([1,2,3]):
...     print(x)
3
2
```

```
1
>>>
```

迭代的一种常见实现技术是使用与 **yield** 相结合的生成器函数。例如：

```python
class FRange:
    def __init__(self, start, stop, step):
        self.start = start
        self.stop = stop
        self.step = step

    def __iter__(self):
        x = self.start
        while x < self.stop:
            yield x
            x += self.step

# 用法示例：
nums = FRange(0.0, 1.0, 0.1)
for x in nums:
    print(x)    # 0.0, 0.1, 0.2, 0.3, ...
```

这段代码之所以能够正常运行，是因为生成器函数本身符合迭代协议。以这种方式实现迭代器更容易一些，因为我们只需要关心**__iter__()**方法，迭代机制的其余部分已经由生成器提供了。

4.15 特性协议

表 4.6 中的方法分别使用点（.）运算符和 **del** 运算符读取、写入和删除对象特性。

表 4.6 特性访问方法

方　　法	描　　述
__getattribute__(self, name)	返回特性，self.name
__getattr__(self, name)	返回特性，self.name。优先使用__getattribute__()返回特性。如果__getattribute__()没找到特性，则转而使用__getattr__()查找并返回特性
__setattr__(self, name, value)	设置特性，self.name = value
__delattr__(self, name)	删除特性，del self.name

每当访问一个特性，就会调用**__getattribute__()**方法。如果定位到该特性，则返回该特性值。否则，调用**__getattr__()**方法来定位该特性并返回特性值。

__getattr__()的缺省行为是抛出 AttributeError 异常。在设置特性时，总是调用 __setattr__()方法；在删除一个特性时，则总会调用__delattr__()方法。

这些方法都很直接，因为它们允许一个类型完全重新定义所有特性的特性访问实现。用户定义的类可以定义允许对特性访问进行更细粒度控制的属性和描述符，这将在第 7 章中进一步讨论。

4.16　函数协议

对象可以通过提供__call__()方法来模拟函数。如果对象 x 提供了这种方法，则可以像调用函数一样调用该对象。也就是说，x(arg1, arg2, ...)调用 x.__call__(arg1, arg2, ...)。

很多内置类型都支持函数调用。例如，类型通过实现__call__()来创建新实例。绑定方法实现__call__()方法，以传递 self 参数给实例方法。像 functools.partial() 这样的库函数也会创建模拟函数的对象。

4.17　上下文管理器协议

with 语句允许在被称为上下文管理器的实例的控制下执行一系列语句。一般语法如下所示：

```
with context [ as var]:
    statements
```

这个上下文对象可能实现表 4.7 中列出的方法。

表 4.7　上下文管理器方法

方　　法	描　　述
__enter__(self)	在进入新的上下文时调用。返回值放在 with 语句的 as 修饰符列出的变量中
__exit__(self, type, value, tb)	离开上下文时调用。如果发生异常，则 type、value 和 tb 分别为异常类型、异常值和回溯信息

在执行 with 语句时，调用__enter__()方法。这个方法的返回值放置在可选的 as var 修饰符指定的变量中。一旦控制流离开与 with 语句相关联的语句块，就会调用 __exit__()方法。作为参数，__exit__()接收当前异常类型、异常值；如果异常抛出，

则还会有一个回溯信息的参数。如果没有错误被处理，则这 3 个值都为 None。__exit__()
方法应该返回 True 或 False，以表明抛出的异常处理与否。如果返回 True，则所有未
决异常被清除，程序通常从 with 块之后的第一条语句接续执行。

　　上下文管理接口的主要用途是简化涉及系统状态的对象（如打开的文件、网络连接
和锁）的资源控制。通过实现这个接口，当对象在执行过程中离开使用该对象的上下文
时，该对象可以安全地清理资源。更多细节可参见第 3 章。

4.18　最后的话：关于 Pythonic

　　一个常见的设计目标是编写"Pythonic"（Python 味儿）的代码。Pythonic 内涵丰富，
但基本上是鼓励开发者遵循其他 Python 开发者都在使用的既定惯用法。这就意味着需要
了解与容器、可迭代对象、资源管理等相关的 Python 协议。许多广泛流行的 Python 框架
都使用这些协议来提供良好的用户体验。我们也应该为此而努力。

　　在 Python 的各种协议中，有三个协议因被广泛使用而值得特别关注。首先是，使用
__repr__()方法创建适当的对象表示。Python 程序通常在交互式 REPL 中进行调试和试
验，使用 print()或日志库输出对象也很常见。如果可以轻松观察对象的状态，那么所
有这些事情都会变得更简单。

　　其次，遍历数据是最常见的编程任务之一。如果我们要这样做，应该让代码与 Python
的 for 语句一起工作。Python 的很多核心部分和标准库都被设计成可以处理可迭代对象。
通过以常用方式支持迭代，你将自动获得大量额外的功能，同时代码对其他程序员来说
也是直观的。

　　最后，在一些常规编程模式中使用上下文管理器和 with 语句。这些常规编程模式是
指，代码语句处于某种启动和关闭步骤之间——例如，打开和关闭资源、获取和释放锁、
订阅和取消订阅，等等。

5

函数

函数是大多数 Python 程序的基本构建块。本章描述函数定义、函数应用、作用域规则、闭包、装饰器和其他的函数式编程特性。在此要特别注意与函数相关的不同的编程惯用法、求值模型和模式。

5.1 函数定义

函数用 **def** 语句定义：

```
def add(x, y):
    return x + y
```

函数定义的第一部分指定代表输入值的函数名称和参数名称。函数体是在调用或应用函数时执行的一系列语句。通过函数名称后跟括号起来的参数，将函数应用于参数：a = add(3, 4)。在执行函数体之前，从左到右对参数进行逐个求值。例如，add(1+1, 2+2) 在调用函数之前首先简化为 add(2, 4)。这被称为应用求值顺序（applicative evaluation order）。参数的顺序和数量必须与函数定义中给出的参数相匹配。如果不匹配，则会抛出 **TypeError** 异常。函数的调用结构（比如，所需参数的数量）被称为函数的调用签名。

5.2 缺省参数

通过在函数定义中赋值，可以将缺省值附加到函数参数。例如：

```
def split(line, delimiter=','):
    statements
```

当函数定义了一个缺省参数时，该参数及其后面的所有参数都是可选的。①不能在任何具有缺省值的参数之后指定没有缺省值的参数。

缺省参数值在函数第一次定义时计算一次，而不是每次调用函数时都计算一次。如果使用可变对象作为缺省值，这通常会导致令人惊讶的行为：

```
def func(x, items=[]):
    items.append(x)
    return items

func(1)    # returns [1]
func(2)    # returns [1, 2]
func(3)    # returns [1, 2, 3]
```

注意缺省的实参是如何保留以前调用所做的修改的。为了防止这种情况，最好使用 None 并添加一个检查，如下所示：

```
def func(x, items=None):
    if items is None:
        items = []
    items.append(x)
    return items
```

一般的做法是，为了避免这种意外，只使用不可变对象作为缺省参数值——数字、字符串、布尔值、None 等等。

5.3　可变参数

如果将一个星号（*）用作最后一个参数的名称前缀，函数可以接受可变数量的参数。例如：

```
def product(first, *args):
    result = first
    for x in args:
        result = result * x
        return result

product(10, 20)      # -> 200
product(2, 3, 4, 5)   # -> 120
```

在本例中，所有额外的参数都放入 args 元组变量中。然后，就可以使用标准的序列

① 所以，缺省参数又叫可选参数。——译者注

操作——迭代、切片、解构等来处理参数。

5.4　关键字参数

可以通过显式命名每个参数并指定一个值来提供函数实参。这些参数被称为关键字参数。下面是一个例子：

```
def func(w, x, y, z):
    statements
```

```
# 关键字参数调用
func(x=3, y=22, w='hello', z=[1, 2])
```

对于关键字参数，参数的顺序并不重要，只要每个必需的参数都得到一个值即可。如果遗漏了任何必需的实参，或者关键字的名称与函数定义中的任何参数名称不匹配，则抛出 TypeError 异常。关键字参数的计算顺序与函数调用中指定的顺序相同。

在同一个函数调用中，位置相关的参数可以结合关键字参数，前提是所有位置相关的参数首先列出，所有非可选参数都提供了值，同时没有参数接收超过一个的值。[①]这里有一个例子：

```
func('hello', 3, z=[1, 2], y=22)
func(3, 22, w='hello', z=[1, 2])      # TypeError, w 对应多个值
```

根据需要，可以强制使用关键字参数。这可以通过在一个 * 参数后面列出参数，或者在定义中只包含一个 * 来实现。例如：

```
def read_data(filename, *, debug=False):
...
```

```
def product(first, *values, scale=1):
    result = first * scale
    for val in values:
        result = result * val
    return result
```

在本例中，read_data() 的 debug 参数只能通过关键字指定。这个限制通常能够提高代码的可读性：

```
data = read_data('Data.csv', True)          # 错误调用，TypeError
data = read_data('Data.csv', debug=True)    # 正确调用
```

---

① 在此指非可变参数。——译者注

product()函数接受任意数量的位置相关的参数和一个可选的仅限关键字参数类型
的参数。例如：

```
result = product(2,3,4)              # Result = 24
result = product(2,3,4, scale=10)    # Result = 240
```

5.5　可变关键字参数

如果函数定义的最后一个参数以**为前缀，那么所有附加的关键字参数（那些不匹
配其他参数名称的参数）将放在字典中并传递给函数。字典中项目的顺序与关键字参数
提供的顺序一致。

可变关键字参数适用于接受大量配置选项的函数，因为要在函数定义的参数中罗列
这些选项会显得很笨拙。这是一个例子：

```
def make_table(data, **parms):
    # 从 parms（一个字典）中获取配置参数
    fgcolor = parms.pop('fgcolor', 'black')
    bgcolor = parms.pop('bgcolor', 'white')
    width = parms.pop('width', None)
    ...
    # 没有更多的选项了
    if parms:
        raise TypeError(f'Unsupported configuration options {list(parms)}')

make_table(items, fgcolor='black', bgcolor='white', border=1,
                  borderstyle='grooved', cellpadding=10,
                  width=400)
```

pop()方法从字典中删除一个项目，如果该项目没有定义，则返回一个可能的缺省值。
parms.pop('fgcolor', 'black')表达式模拟了用关键字参数指定缺省值的操作。

5.6　接受所有输入的函数

通过同时使用*和**，可以编写一个接受任何参数组合的函数。将位置相关的参数作
为元组传递，将关键字参数[1]作为字典传递。例如：

```
# 接受变长的位置相关的参数或关键字参数
def func(*args, **kwargs):
```

———————————————————

① 确切地说是可变关键字参数。——译者注

```
# args 是位置相关的参数的元组
# kwargs 是（可变）关键字参数的字典
...
```

*args 和**kwargs 的这种组合通常用于编写包装器、装饰器、代理及类似函数。例如，假设有一个函数，其解析取自可迭代对象的文本行：

```
def parse_lines(lines, separator=',', types=(), debug=False):
    for line in lines:
        ...
        statements
        ...
```

现在，假设想要创建一个特例函数，该函数解析 `filename` 指定的文件数据。为此，可以这样写：

```
def parse_file(filename, *args, **kwargs):
    with open(filename, 'rt') as file:
        return parse_lines(file, *args, **kwargs)
```

这种方法的好处是，`parse_file()`函数无须知道 `parse_lines()`的任何参数。`parse_file()`接受调用者提供的任何额外参数，并将它们传递给 `parse_lines()`。这同时也简化了 `parse_file()`函数的维护。例如，如果将新参数添加到 `parse_lines()`中，这些参数也将神奇地与 `parse_file()`函数协同工作。

5.7 位置限定（Positional-Only）参数

许多 Python 内置函数只接受按位置识别的参数。在各种帮助工具和 IDE 中显示的函数调用签名，会呈现一个斜杠（/）来表示这个意图。例如，我们可能会看到像 `func(x, y, /)`这样的东西。这意味着所有出现在斜杠之前的参数只能通过位置来指定。因此，我们可以调用 `func(2,3)`函数，但不能调用 `func(x=2, y=3)`。为统一起见，在定义函数时也可以使用这种语法。例如，可以这样写：

```
def func(x, y, /):
    pass

func(1, 2)      # 正确
func(1, y=2)    # 错误
```

这种定义形式很少出现在代码中，因为它提供于 Python 3.8 中。然而，它是避免参数名称间潜在名称冲突的一种有用方法。例如，考虑以下代码：

```
import time

def after(seconds, func, /, *args, **kwargs):
    time.sleep(seconds)
    return func(*args, **kwargs)

def duration(*, seconds, minutes, hours):
    return seconds + 60 * minutes + 3600 * hours

after(5, duration, seconds=20, minutes=3, hours=2)
```

在这段代码中，after()函数调用中的 seconds 作为关键字参数传递，但它的目的是与传递给 after()的 duration 函数一起使用。在 after()中使用位置限定参数，可以防止这个作为关键字参数传递的 seconds 参数名称与第一个出现的 seconds 参数（即after()函数定义中的第一个参数）发生冲突。

5.8　名称、文档字符串和类型提示

函数的标准命名约定是使用小写字母和下画线（_）作为单词分隔符——例如，read_data()而非 readData()。如果一个函数是辅助角色或某种内部实现细节，我们并不打算直接使用它，那么它的名字通常会在前面加一个下画线——例如，_helper()。然而，这些只是惯例。只要函数名是有效标识符，就可以随意命名函数。

函数的名称可以通过__name__特性获得。这在调试时可能会用到。

```
>>> def square(x):
...     return x * x
...
>>> square.__name__
'square'
>>>
```

函数的第一个语句通常是描述其用法的文档字符串。例如：

```
def factorial(n):
    '''
    计算 n 的阶乘。例如：

    >>> factorial(6)
    120
    >>>
    '''
```

```
if n <= 1:
    return 1
else:
    return n*factorial(n-1)
```

文档字符串存储在函数的 **__doc__** 特性中。IDE 经常访问它来提供交互式帮助。

函数也可以用类型提示进行注释。例如:

```
def factorial(n: int) -> int:
    if n <= 1:
        return 1
    else:
        return n * factorial(n - 1)
```

类型提示不会影响任何函数计算。也就是说，类型提示的存在不会带来性能上的好处或额外的运行时错误检查。类型提示存储在函数的 **__annotations__** 特性中，该特性是一个将参数名称映射到类型提示的字典。第三方工具（如 IDE 和代码检查器）可能会将这些类型提示用于各种目的。

有时我们会看到类型提示附加到函数中的局部变量上。例如:

```
def factorial(n:int) -> int:
    result: int = 1    # 对局部变量进行类型提示
    while n > 1:
        result *= n
        n -= 1
    return result
```

解释器完全忽略这些类型提示。解释器不会检查、存储这些类型提示，甚至不会对其求值。再次说明，这些类型提示的目的是帮助第三方代码检查工具。除非我们正在广泛使用借助类型提示的代码检查工具，否则不建议向函数添加类型提示。错误地指定类型提示是极可能发生的事情——而且，除非正在使用错误检查工具，否则，该错误就可能直到其他人运行类型检查工具时才暴露出来。

5.9 函数应用及参数传递

在调用函数时，函数参数是绑定到传入对象的局部名称。Python 将传入对象"按原样"传递给函数，而没有任何额外复制。如果传递可变对象，如列表或字典，则需要小心。若对可变对象进行了更改，则这些更改将反映在原始对象上。这里有一个例子:

```
def square(items):
```

```
    for i, x in enumerate(items):
        items[i] = x * x     # 就地修改 items

a = [1, 2, 3, 4, 5]
square(a)    # a 变为[1, 4, 9, 16, 25]
```

那些在背后改变输入值或改变程序其他部分的状态的函数，被视为具有"副作用"。一般来说，最好避免这种副作用。随着程序规模与复杂度的增加，副作用可能会成为微妙的编程错误的来源——阅读函数的调用代码并不能直观判断函数是否有副作用。具有副作用的函数与线程/并发程序的交互性也很差，因为副作用通常需要用锁来保护。

重要的是，要区分对象修改和变量名称重新赋值。考虑这个函数：

```
def sum_squares(items):
    items = [x*x for x in items]     # 重分配"items"名称
    return sum(items)

a = [1, 2, 3, 4, 5]
result = sum_squares(a)
print(a)                            # [1, 2, 3, 4, 5] (未改变)
```

在这个例子中，sum_squares()函数看起来似乎会覆写传入的 items 变量。是的，局部的 items 标签被重新赋了一个新值。但是，原始输入对象（a）不会因为这个操作而改变。相反，局部变量名称 items 被绑定到了一个完全不同的对象——内部的列表解析式的结果。变量名称赋值和对象修改是有区别的。当把一个值赋给一个名称时，并不是覆写已有对象——只是将名称重新分配给一个不同的对象。

在风格上，具有副作用的函数通常会返回 None。例如，考虑列表的 sort()方法：

```
>>> items = [10, 3, 2, 9, 5]
>>> items.sort()     # 请注意：并不返回值
>>> items
[2, 3, 5, 9, 10]
>>>
```

sort()方法对列表项执行就地排序。它不返回任何结果。缺少结果是副作用的强烈预示——在本例中，列表的元素被重新排列。

有时候，我们已经有了一个序列或者映射的数据，你想要传递给一个函数。为此，你可以在函数调用中使用*和**。例如：

```
def func(x, y, z):
    ...

s = (1, 2, 3)
```

```
# 将序列作为参数传递
result = func(*s)

# 将映射作为（可变）关键字参数传递
d = { 'x':1, 'y':2, 'z':3 }
result = func(**d)
```

函数可以从多个源[①]获取数据，甚至显式地提供一些参数；只要函数获得了所有必需的参数，没有重复，并且调用签名中的所有内容都正确对应，函数就都能工作。你甚至可以在同一个函数调用中多次使用*和**。如果缺少参数或为参数指定重复值，则函数会报错。Python 永远不会让你调用一个参数不满足函数签名要求的函数。

5.10   返回值

return 语句从函数中返回一个值。如果没有指定返回值或忽略返回语句，则返回 None。要返回多个值，请将它们放在一个元组中：

```
def parse_value(text):
    '''
    将 name=val 格式的文本拆分成(name, val)格式
    '''
    parts = text.split('=', 1)
    return (parts[0].strip(), parts[1].strip())
```

返回元组中的值可以解构为单个变量：

```
name, value = parse_value('url=http://www.python.org')
```

有时我们会将命名元组作为一种替代方案：

```
from typing import NamedTuple

class ParseResult(NamedTuple):
    name: str
    value: str

def parse_value(text):
    '''
    将 name=val 格式的文本拆分成(name, val)格式
    '''
    parts = text.split('=', 1)
```

---

① 比如，本例中的序列与映射。——译者注

```
    return ParseResult(parts[0].strip(), parts[1].strip())
```

命名元组的工作方式与普通元组相同（可以执行所有相同的操作和解构），命名元组还可以使用命名特性引用返回值：

```
r = parse_value('url=http://www.python.org')
print(r.name, r.value)
```

5.11　错误处理

5.10 节中 parse_value() 函数的一个问题是错误处理。如果输入文本格式不正确，不能返回正确的结果，应采取什么措施？

一种方法是将结果视作可选的，即函数要么返回一个答案，要么返回 None（通常用于表示缺失值）。例如，可以这样修改函数：

```
def parse_value(text):
    parts = text.split('=', 1)
    if len(parts) == 2:
        return ParseResult(parts[0].strip(), parts[1].strip())
    else:
        return None
```

如此设计之后，检查可选结果的事情由调用者承担：

```
result = parse_value(text)
if result:
    name, value = result
```

或者，在 Python 3.8+版本中，可以用更简洁的方式：

```
if result := parse_value(text):
    name, value = result
```

还可以通过抛出异常来把异常文本视作错误，而不是返回 None。例如：

```
def parse_value(text):
    parts = text.split('=', 1)
    if len(parts) == 2:
        return ParseResult(parts[0].strip(), parts[1].strip())
    else:
        raise ValueError('Bad value')
```

在这种情况下，调用者可以使用 **try-except** 处理异常。例如：

```
try:
```

```
    name, value = parse_value(text)
    ...
except ValueError:
    ...
```

是否使用异常的选择并不总是清晰的。一般来说，异常是处理不正常结果的更常见方法。然而，如果异常频繁发生，代价也会很高。如果我们正在编写性能敏感的代码，那么返回 None、False、-1 或其他一些特殊值来表示失败可能会更好。

5.12　作用域规则

在每次函数执行时，就会创建一个局部命名空间。这个命名空间是一个环境，包含函数参数的名称和值，以及在函数体中分配的所有变量。在定义函数时，名称的绑定是预先知道的，并且在函数体中分配的所有名称都绑定到本地环境。所有在函数体中使用但没有分配的其他名称（自由变量）都可以在全局命名空间中动态找到，全局命名空间始终是定义函数的封闭模块。

在函数执行期间可能发生两种与名称相关的错误类型。在全局环境中查找自由变量的未定义名称会导致 NameError 异常。而查找尚未赋值的局部变量会导致 UnboundLocalError 异常。后一种错误通常是控制流错误的结果。例如：

```
def func(x):
    if x > 0:
        y = 42
    return x + y    # 如果条件为假，则 y 未赋值

func(10)    # 返回 52
func(-10)   # UnboundLocalError: local variable 'y' referenced before assignment
```

有时粗心地使用就地赋值运算符也会导致 UnboundLocalError。像 n += 1 这样的语句会处理为 n = n + 1。如果在给 n 赋初始值之前使用 n，将会失败。

```
def func():
    n += 1    # 报错：UnboundLocalError
```

这里着重强调一点，变量名称永远不会改变自身的作用域——它们要么是全局变量，要么是局部变量，这是在函数定义时确定的。这里有一个例子说明了这一点：

```
x = 42
def func():
    print(x)    # 失败，UnboundLocalError
```

```
    x = 13

func()
```

　　在这个例子中，print()函数看起来会输出全局变量 x 的值。然而，稍后出现的 x 的赋值将 x 标记为局部变量。访问尚未赋值的局部变量导致错误发生。[①]

　　如果删除 print()函数，新的代码看起来像重新分配了全局变量 x 的值。下面看一个例子：

```
x = 42
def func():
    x = 13
func()
# x 仍是 42
```

　　当这段代码执行时，x 保留其值 42（尽管像从函数 func 内部修改了全局变量 x）。当变量在函数内部赋值时，它们总是绑定为局部变量；因此，函数体中的变量 x 指的是一个包含值 13 的全新对象，而不是外部变量。要更改此行为，请使用 global 语句。global 将名称声明为属于全局命名空间，当需要修改全局变量时，global 是必需的。这是一个例子：

```
x = 42
y = 37
def func():
    global x    # 'x'处于全局命名空间
    x = 13
    y = 0

func()
# x 现在是 13，y 仍是 37
```

　　需要注意的是，使用 global 语句通常被认为是糟糕的 Python 风格。如果在编写代码时，函数需要在幕后改变状态，请考虑使用类定义，并通过改变实例或类变量来修改状态。例如：

```
class Config:
    x = 42

def func():
    Config.x = 13
```

---

① 也就是说，如果我们将 x = 13 这一行注释掉，程序是可以运行的，将打印出 42。——译者注

Python 允许嵌套函数定义。这里有一个例子：

```python
def countdown(start):
    n = start
    def display():     # 嵌套函数定义
        print('T-minus', n)
    while n > 0:
        display()
        n -= 1
```

嵌套函数中的变量使用词法作用域进行绑定。也就是说，名称首先在本地局部作用域中解析，然后从最内层作用域到最外层作用域的连续封闭作用域中挨个解析。再次强调，这不是一个动态过程，名称的绑定只在函数定义时根据语法确定一次。与全局变量一样，内层函数不能重新分配在外层函数中定义的局部变量的值。例如，此代码不起作用：

```python
def countdown(start):
    n = start
    def display():
        print('T-minus', n)
    def decrement():
        n -= 1    # 失败：UnboundLocalError
    while n > 0:
        display()
        decrement()
```

要解决这个问题，可以像这样声明 n 为 nonlocal 的：

```python
def countdown(start):
    n = start
    def display():
        print('T-minus', n)
    def decrement():
        nonlocal n
        n -= 1    # 修改外层的 n
    while n > 0:
        display()
        decrement()
```

nonlocal 不能用于引用全局变量——它必须用于引用外部作用域中的局部变量。因此，如果一个函数是全局的，仍应该像前面描述的那样使用 global 声明。

嵌套函数和 nonlocal 声明并非常见的编程风格。例如，内部函数没有外部可见性，这可能会让测试和调试复杂化。然而，嵌套函数有时有助于将复杂的计算分解为更小部分，并隐藏内部实现细节。

5.13　递归

Python 支持递归函数。例如：

```
def sumn(n):
    if n == 0:
        return 0
    else:
        return n + sumn(n-1)
```

但是，递归函数调用的深度是有限制的。函数 `sys.getrecursionlimit()` 返回当前的最大递归深度，而函数 `sys.setrecursionlimit()` 可用于更改该值。缺省值为 1000。虽然可以增加该值，但程序仍然受到主机操作系统栈大小的强制限制。当超过递归深度限制时，递归函数会抛出 `RuntimeError` 异常。如果这个限制增加得太多，Python 可能会因为一个段错误或别的操作系统错误而崩溃。

在实践中，只有在使用深度嵌套的递归数据结构（如树和图）时，递归限制的问题才会出现。许多树算法都自然适用于递归解决方案——如果数据结构太大，可能会超出栈限制。然而，有一些聪明的变通办法，可参考第 6 章关于生成器的示例。

5.14　`lambda` 表达式

匿名的——未命名的——函数可以用 `lambda` 表达式来定义：

```
lambda args: expression
```

`args` 是一个用逗号分隔的参数列表，而 `expression` 是一个包含这些参数的表达式。这里有一个例子：

```
a = lambda x, y: x + y
r = a(2, 3)      # r 获得了 5
```

用 `lambda` 定义的代码必须是一个有效的表达式。多个语句或非表达式语句（如 `try` 和 `while`）不能出现在 `lambda` 表达式中。`lambda` 表达式遵循与函数相同的作用域规则。

`lambda` 的主要用途之一是定义小的回调函数。例如，常会看到它与 `sorted()` 等内置操作一起使用：

```
# 按不同字母的数量对单词列表进行排序
```

```
result = sorted(words, key=lambda word: len(set(word)))
```

当 lambda 表达式包含自由变量（未指定为参数）时，需要特别注意。考虑一下这个例子：

```
x = 2
f = lambda y: x * y
x = 3
g = lambda y: x * y
print(f(10))    # --> 打印 30
print(g(10))    # --> 打印 30
```

在本例中，开发者可能期望调用 f(10)输出 20，这反映了 x 定义为 2 的事实。然而，事实并非如此。x 作为一个自由变量，f(10)在求值时使用的是 x 在求值时刻对应的那个值。求值时用到的 x 的值，可能与当时定义 lambda 函数时 x 的值不同。有时这种行为被称为延迟绑定（late binding）。

如果在定义时捕获变量的值很重要，则使用缺省实参：

```
x = 2
f = lambda y, x=x: x * y
x = 3
g = lambda y, x=x: x * y
print(f(10))    # --> 打印 20
print(g(10))    # --> 打印 30
```

这是可行的，因为缺省参数值只在函数定义时计算，因此函数定义时将捕获 x 的当前值。

5.15 高阶函数

Python 支持高阶函数（higher-order function）的概念。这意味着函数可以作为参数传递给其他函数、放在数据结构中、作为函数返回结果。函数被誉为头等对象（first-class object），这意味着处理函数和处理任何其他类型的数据之间没有区别。下面是一个函数的例子，它接受另一个函数作为输入，并在延迟一段时间后调用它——例如，模拟云的微服务的性能：

```
import time

def after(seconds, func):
    time.sleep(seconds)
    func()
```

```
# 示例应用
def greeting():
    print('Hello World')

after(10, greeting)     # 10s 后打印'Hello World'
```

这里，`after()`的 func 参数就是所谓回调函数（callback function）的一个例子。这指的是 `after()`函数"回调"作为参数提供的函数。

当函数作为数据传递时，它隐式地携带定义函数的环境的相关信息。例如，假设`greeting()`函数像这样使用了一个变量：

```
def main():
    name = 'Guido'
    def greeting():
        print('Hello', name)
    after(10, greeting)     # 输出: 'Hello Guido'

main()
```

在本例中，`greeting()`使用了变量 name，但它是外部 `main()`函数的一个局部变量。当 greeting 传递给 `after()`时，`after()`函数会记住 greeting 的环境并使用所需的 name 变量的值。这依赖一个被称为闭包（closure）的特性。闭包是一个函数和一个包含执行函数体所需的所有变量的环境。

当编写基于惰性或延迟计算概念的代码时，闭包和嵌套函数非常有用。上面显示的 `after()`函数就是这个概念的一个说明。它接收一个函数，这个函数不会马上求值，只会在以后的某个时间点执行。这是其他编程环境中常见的编程模式。例如，一个程序可能具有仅在响应事件时执行的函数，这些事件包括按键、鼠标移动、网络数据包到达等。在所有这些案例中，函数的求值都被推迟到一些有趣的事情发生时。当这些函数最终执行时，闭包确保这些函数得到其所需的一切。

我们还可以编写创建和返回其他函数的函数。例如：

```
def make_greeting(name):
    def greeting():
        print('Hello', name)
    return greeting

f = make_greeting('Guido')
g = make_greeting('Ada')

f()     # 输出: 'Hello Guido'
```

```
g()    # 输出: 'Hello Ada'
```

在这个例子中，`make_greeting()`函数并未执行什么有趣的计算。相反，它创建并返回一个函数 `greeting()` 来完成实际工作。实际工作（这里指打印文本串）只在函数后续求值时发生。

在这个例子中，两个变量 f 和 g 分别保存了 `greeting()` 函数的两个不同版本。即使创建这些函数的 `make_greeting()` 函数不再执行，`greeting()` 函数仍然记得已定义的 name 变量——该变量是每个函数闭包的一部分。

关于闭包的一个警告是，绑定到变量名称的东西并不是一个"快照"，而是一个动态过程——这意味着闭包指向 name 变量及该变量最近赋的值。这很微妙，但这里有一个例子可以说明哪些地方会出现麻烦：

```python
def make_greetings(names):
    funcs = []
    for name in names:
        funcs.append(lambda: print('Hello', name))
    return funcs
```

```python
# 试一试看看
a, b, c = make_greetings(['Guido', 'Ada', 'Margaret'])
a()    # 打印: 'Hello Margaret'
b()    # 打印: 'Hello Margaret'
c()    # 打印: 'Hello Margaret'
```

这个例子创建了一个不同函数的列表（使用 `lambda`）。看起来好像这些函数都使用了不同的 name 值，因为 name 值在 `for` 循环的每次迭代中都会改变。但事实并非如此。所有函数最终都使用相同的 name 值——外部 `make_greetings()` 函数返回时那个最后的 name 值。

这可能出乎意料，也不是我们想要的。如果希望捕获变量的副本，则将 name 作为缺省参数来捕获，如前面介绍的那样：

```python
def make_greetings(names):
    funcs = []
    for name in names:
        funcs.append(lambda name=name: print('Hello', name))
    return funcs
```

```python
# 试一试看看
a, b, c = make_greetings(['Guido', 'Ada', 'Margaret'])
a()    # Prints 'Hello Guido'
b()    # Prints 'Hello Ada'
```

```
c()    # Prints 'Hello Margaret'
```

　　在前两个例子中，函数是使用 `lambda` 定义的。这种做法通常是创建小的回调函数的便捷方式。然而，这并不是一个严格的要求。也可以把它写成这样：

```
def make_greetings(names):
    funcs = []
    for name in names:
        def greeting(name=name):
            print('Hello', name)
        funcs.append(greeting)
    return funcs
```

　　何时何地使用 `lambda` 是个人偏好问题，也是一个涉及代码清晰度的问题。如果 `lambda` 方式使代码难以阅读，也许就应该避免使用它。

5.16　回调函数中的参数传递

　　回调函数的一个挑战性问题是将参数传递给所提供的函数。考虑前面编写的 `after()`函数：

```
import time

def after(seconds, func):
    time.sleep(seconds)
    func()
```

　　在这段代码中，`func()` 被硬连接为不带参数调用。如果你想传递额外的参数，就没那么幸运了。例如，可以试试这个：

```
def add(x, y):
    print(f'{x} + {y} -> {x+y}')
    return x + y
```

```
after(10, add(2, 3))    # 无法通过：add()立即执行了
```

　　在这个例子中，add(2, 3)函数立即运行，返回 5。after()函数在等待 10s 后尝试执行 5()，这时程序崩溃了。这绝对不是我们的本意。此时如果带入所需参数调用 add()，似乎没什么好办法让 after()工作。

　　这个问题揭示了一个更大的设计议题，即通常所言的使用函数和函数式编程——函数组合。当函数以各种方式混合在一起时，需要考虑函数的输入和输出是如何联系在一

起的。事情并不总是那么简单。

在这种情况下，一种解决方案是使用 lambda 将计算打包到一个零参数函数中。例如：

```
after(10, lambda: add(2, 3))
```

像这样一个零参数小函数有时被称作转换程序（thunk）。基本上，当这个 thunk 最终作为一个零参数函数来调用时，它是一个延迟求值的表达式。这种方式可以作为将任何表达式的求值延迟到以后某个时间点的通用方法：将表达式放在 lambda 中，并在实际需要求值时再调用该 lambda。

作为使用 lambda 的另一种替代选择，也可以使用 functools.partial() 来创建这样一个部分求值的函数：

```
from functools import partial

after(10, partial(add, 2, 3))
```

partial()创建一个可调用对象，其中一个或多个参数已经被指定并被缓存。在回调和其他应用程序中，这可能是一种让不相容的函数匹配预期调用签名的有效方法。下面是一些使用 partial() 的例子：

```
def func(a, b, c, d):
    print(a, b, c, d)

f = partial(func, 1, 2)       # 整理成：a=1, b=2
f(3, 4)                       # func(1, 2, 3, 4)
f(10, 20)                     # func(1, 2, 10, 20)

g = partial(func, 1, 2, d=4)  # Fix a=1, b=2, d=4
g(3)                          # func(1, 2, 3, 4)
g(10)                         # func(1, 2, 10, 4)
```

partial()和 lambda 都可以用于相似目的，但这两种技术之间有一个重要的语义区别。使用 partial()，参数在第一次定义 partial 函数时求值和绑定。对于零参数 lambda，当 lambda 函数稍后实际执行时，参数才求值和绑定（所有内容的求值将延迟）。举例说明：

```
>>> def func(x, y):
...     return x + y
...
>>> a = 2
>>> b = 3
>>> f = lambda: func(a, b)
```

```
>>> g = partial(func, a, b)
>>> a = 10
>>> b = 20
>>> f()     # 使用 a 与 b 的当前最新值
30
>>> g()     # 使用 a 与 b 的初始值
5
>>>
```

因为 partial（部分应用函数）完全求值，所以由 partial() 创建的可调用对象可以序列化为字节、保存在文件中，甚至可以通过网络连接传输（例如，使用 pickle 标准库模块）。这对 lambda 函数而言是做不到的。因此，在传递函数的应用程序中（可能是传递给运行在不同进程或不同机器上的 Python 解释器），会发现 partial() 更适用。

顺便说一下，部分函数应用程序与被称为柯里化（currying）的概念密切相关。柯里化是一种函数式编程技术，其将多参数函数表达为嵌套单参数函数的链。下面举个例子：

```
# 三参数函数
def f(x, y, z):
    return x + y + z

# 柯里化版本
def fc(x):
    return lambda y: (lambda z: x + y + z)

# 使用样例
a = f(2, 3, 4)      # 三参数函数
b = fc(2)(3)(4)     # 柯里化版本
```

这不是一种常见的 Python 编程风格，也没什么实际理由要这样做。然而，有时我们在跟程序员的对话中会听到"柯里化"这个词，这些程序员花了太多时间用 λ 演算之类的东西来"扭曲"他们的大脑。这种处理多个参数的技术以著名的逻辑学家 Haskell Curry 来命名。当偶然遇到一群函数式程序员在社交媒体上激烈论战时，了解它可能会让你变得高大上起来。

回到参数传递的最初问题，将参数传递给回调函数的另一个备选方案是将这些参数单独作为外部调用函数的参数。请考虑 after() 函数的这个版本：

```
def after(seconds, func, *args):
    time.sleep(seconds)
    func(*args)

after(10, add, 2, 3)    # 10s 后调用 add(2, 3)
```

　　还请注意，这种方式不支持将关键字参数传递给 func()。这是 Python 设计好的。在这里，关键字参数的一个问题是，给定函数的参数名可能与已经使用的参数名（即 seconds 和 func）冲突。关键字参数可以保留给 after() 函数本身，以用于指定 after() 的选项。例如：

```python
def after(seconds, func, *args, debug=False):
    time.sleep(seconds)
    if debug:
        print('About to call', func, args)
    func(*args)
```

　　然而，并非一切都不可行。如果需要为 func() 指定关键字参数，仍然可以使用 partial()。例如：

```python
after(10, partial(add, y=3), 2)
```

　　如果希望 after() 函数接受关键字参数，一种安全的方法可能是使用位置限定参数。例如：

```python
def after(seconds, func, debug=False, /, *args, **kwargs):
    time.sleep(seconds)
    if debug:
        print('About to call', func, args, kwargs)
    func(*args, **kwargs)

after(10, add, 2, y=3)
```

　　另一个比较另类的观点是，after() 实际上是两个不同的函数调用混在了一起。也许传递参数的问题可以分解成这样的两个函数：

```python
def after(seconds, func, debug=False):
    def call(*args, **kwargs):
        time.sleep(seconds)
        if debug:
            print('About to call', func, args, kwargs)
        func(*args, **kwargs)
    return call

after(10, add)(2, y=3)
```

　　现在，after() 的参数和 func 的参数之间没有任何冲突。然而，这样做有可能会导致你和同事之间发生冲突。

5.17　从回调函数返回结果

前面没有讨论的另一个问题是返回计算结果。考虑这个修改后的 after() 函数：

```
def after(seconds, func, *args):
    time.sleep(seconds)
    return func(*args)
```

这是可行的，但是也存在一些微妙问题，问题是由两个独立的函数引起的，即问题是由 after() 函数本身和所提供的回调函数引起的。

一个问题是关于异常处理。例如，试试下面两个例子：

```
after("1", add, 2, 3)    # 失败：TypeError（期待整型）
after(1, add, "2", 3)    # 失败：TypeError（无法将 int 连接到 str）
```

在这两种情况下都会引发 TypeError，但其原因完全不同，同时也发生在不同的函数中。第一个错误是 after() 函数本身的问题：给 time.sleep() 提供了一个错误的参数。第二个错误是回调函数 func(*args) 的执行问题。

如果区分这两种情况很重要，那么存在一些选择。一种选择是依赖链式异常。其思路是以不同的方式打包回调错误，这种不同的方式允许回调错误与其他类型的错误分开处理。例如：

```
class CallbackError(Exception):
    pass


def after(seconds, func, *args):
    time.sleep(seconds)
    try:
        return func(*args)
    except Exception as err:
        raise CallbackError('Callback function failed') from err
```

修改后的代码将错误从所提供回调中隔离到错误自身的异常类中。像这样使用它：

```
try:
    r = after(delay, add, x, y)
except CallbackError as err:
    print("It failed. Reason", err.__cause__)
```

如果 after() 本身的执行存在问题，则属于它的异常将传播出去，不会被捕获。另一方面，与所提供回调函数的执行相关的问题将被捕获并报告为 CallbackError。所有这些工作都是非常巧妙的，但在实践中，管理错误是困难的。这种方法使得错误的归因更精确，并且更容易记录 after()的行为。具体来说，如果回调中有问题，问题就总是报告为 CallbackError。

另一种选择是将回调函数的结果打包到某种结果实例中，该实例同时包含一个值和一个错误。例如，这样定义一个类：

```python
class Result:
    def __init__(self, value=None, exc=None):
        self._value = value
        self._exc = exc
    def result(self):
        if self._exc:
            raise self._exc
        else:
            return self._value
```

然后，使用这个类从 after()函数返回结果：

```python
def after(seconds, func, *args):
    time.sleep(seconds)
    try:
        return Result(value=func(*args))
    except Exception as err:
        return Result(exc=err)
```

```python
# 使用样例:
r = after(1, add, 2, 3)
print(r.result())                  # 打印 5

s = after("1", add, 2, 3)          # 立即抛出 TypeError。错误的 sleep()参数

t = after(1, add, "2", 3)          # 返回一个"Result"实例
print(t.result())                  # 抛出 TypeError
```

第二种方法的工作原理是将回调函数的结果报告推迟到单独的步骤。如果 after()有问题，则会立即报告。如果回调函数 func()有问题，当用户尝试调用 result()方法以获得结果时，就会得到报告。

在现代编程语言中，这种将结果装箱到一个特殊实例中以便稍后展开的方式越来越常见。使用这种方式的原因是，它便于进行类型检查。例如，如果在 after()上添加类型提示，那么 after()的行为是完全定义的——它总是返回 Result 而不返回其他任何东西：

```python
def after(seconds, func, *args) -> Result:
    ...
```

虽然这种模式在 Python 代码中并不常见，但在处理并发原语（如线程和进程）时，它确实也算常用。例如，`Future` 的实例在处理线程池时的行为就是这样的：

```
from concurrent.futures import ThreadPoolExecutor

pool = ThreadPoolExecutor(16)
r = pool.submit(add, 2, 3)      # 返回一个 Future
print(r.result())               # 解开 Future 的 result
```

5.18　装饰器

装饰器是在另一个函数外围创建包装器的函数。这种包装的主要目的是改变或增强被包装对象的行为。语法上，装饰器是用特殊的@符号表示的，如下所示：

```
@decorate
def func(x):
    ...
```

这段代码是下列代码的简写：

```
def func(x):
    ...

func = decorate(func)
```

在这个例子中，定义了一个函数 func()。然而，函数对象定义之后，立即将其本身传递给函数 decorate()，decorate()返回一个替换原来 func 的对象。

作为一个具体实现的例子，这里有一个装饰器@trace，它向函数中添加调试消息：

```
def trace(func):
    def call(*args, **kwargs):
        print('Calling', func.__name__)
        return func(*args, **kwargs)
    return call

# 使用样例:
@trace
def square(x):
    return x * x
```

在此段代码中，`trace()`创建一个包装器函数，包装器函数编写一些调试输出，然后调用原始函数对象。因此，如果调用 square()，将看到包装器中 print()函数的输出。

要是事情都这么简单就好了！在实践中，函数还包含元数据，如函数名、文档字符串和类型提示。如果在函数外围放置包装器，则这些信息都将被隐藏。在编写装饰器时，最佳实践是使用@wraps()装饰器，如这个例子所示：

```python
from functools import wraps

def trace(func):
    @wraps(func)
    def call(*args, **kwargs):
        print('Calling', func.__name__)
        return func(*args, **kwargs)
    return call
```

@wraps()装饰器将给定函数的各种元数据复制到替换函数中。在本例中，来自给定函数 func()的元数据被复制到了返回的包装器函数 call()中。

当应用装饰器时，装饰器必须紧挨在函数之前，且出现在单独一行上。可以应用多个装饰器。这里有一个例子：

```python
@decorator1
@decorator2
def func(x):
    pass
```

在本例中，装饰器的应用如下：

```python
def func(x):
    pass

func = decorator1(decorator2(func))
```

装饰器出现的顺序可能很重要。例如，在类定义中，像@classmethod 和@staticmethod 这样的装饰器通常必须放在最外层。例如：

```python
class SomeClass(object):
    @classmethod      # 正确方式
    @trace
    def a(cls):
        pass

    @trace            # 不要这么做，会失败
    @classmethod
    def b(cls):
        pass
```

这个位置限制的原因与@classmethod 返回的值有关。有时，一个装饰器返回的对象不同于普通函数。如果最外层的装饰器没有预料到这一点，那么工作就会失败。在这个例子中，@classmethod 创建了一个 classmethod 描述符对象（详见第 7 章）。除非@trace 装饰器的代码解决了这个问题，否则如果装饰器以错误的顺序列出，程序将失败。

装饰器也可以接受参数。假设你想改变@trace 装饰器，让它允许像这样自定义消息：

```
@trace("You called {func.__name__}")
def func():
    pass
```

如果提供了参数，装饰过程的语义如下：

```
def func():
    pass


# 创建装饰函数
temp = trace("You called {func.__name__}")

# 将装饰函数应用到 func
func = temp(func)
```

在这种情况下，接受参数的最外层函数负责创建一个装饰函数。然后使用要修饰的函数调用该函数，以获得最终结果。下面是这个装饰器的实现：

```
from functools import wraps

def trace(message):
    def decorate(func):
        @wraps(func)
        def wrapper(*args, **kwargs):
            print(message.format(func=func))
            return func(*args, **kwargs)
        return wrapper
    return decorate
```

这个实现的一个有趣特性是，外层函数（即装饰器）实际上是一种"装饰器工厂"。假设你发现自己编写了这样的代码：

```
@trace('You called {func.__name__}')
def func1():
    pass


@trace('You called {func.__name__}')
def func2():
```

```
    pass
```

事情很快就会变得乏味。可以仅调用一次外层装饰器函数来简化代码，并重用结果：

```
logged = trace('You called {func.__name__}')

@logged
def func1():
    pass

@logged
def func2():
    pass
```

装饰器并非必须替换原来的函数。有时，装饰器仅仅执行一个动作，比如注册。例如，如果正在构建一个事件处理器的注册功能，可以定义一个这样的装饰器：

```
@eventhandler('BUTTON')
def handle_button(msg):
    ...

@eventhandler('RESET')
def handle_reset(msg):
    ...
```

这是实现注册功能的装饰器代码：

```
# 事件处理器装饰器
_event_handlers = { }
def eventhandler(event):
    def register_function(func):
        _event_handlers[event] = func
        return func
    return register_function
```

5.19 map、filter 和 reduce

熟悉函数式编程语言的程序员经常需要常见的列表操作，如 map、filter 和 reduce。[①] 其中大部分功能是由列表解析式和生成器表达式提供的。例如：

```
def square(x):
```

[①] 在此不对这类名称做翻译，毕竟它们是函数式编程中的常用功能，保持原英文单词也应该是最贴切表达原意了。——译者注

```
    return x * x

nums = [1, 2, 3, 4, 5]
squares = [ square(x) for x in nums ]    # [1, 4, 9, 16, 25]
```

从技术上讲，甚至不需要那一行简短函数。你可以写：

```
squares = [ x * x for x in nums ]
```

filter 也可以用列表解析式来执行：

```
a = [ x for x in nums if x > 2 ] # [3, 4, 5]
```

如果使用生成器表达式，将得到一个通过迭代递增地生成结果的生成器。例如：

```
squares = (x * x for x in nums)    # 创建一个生成器
for n in squares:
    print(n)
```

Python 提供了一个内置的 map() 函数，与用生成器表达式来映射（mapping）函数的作用相同。例如，上面的例子可以这样写：

```
squares = map(lambda x: x*x, nums)
for n in squares:
    print(n)
```

内置的 filter() 函数创建一个用于过滤值的生成器：

```
for n in filter(lambda x: x > 2, nums):
    print(n)
```

如果想累加或规约值，则可以使用 functools.reduce()。例如：

```
from functools import reduce

total = reduce(lambda x, y: x + y, nums)
```

在 reduce() 的一般形式中，其接受一个有两个参数的函数、一个可迭代对象和一个初始值。这里有一些例子：

```
nums = [1, 2, 3, 4, 5]
total = reduce(lambda x, y: x + y, nums)          # 15
product = reduce(lambda x, y: x * y, nums, 1)     # 120

pairs = reduce(lambda x, y: (x, y), nums, None)
# (((((None, 1), 2), 3), 4), 5)
```

reduce() 在提供的可迭代对象上从左到右累加值。这就是所谓的左折叠操作。下面是 reduce(func, items, initial)的伪代码：

```
def reduce(func, items, initial):
    result = initial
    for item in items:
        result = func(result, item)
    return result
```

在实践中，使用 reduce()可能会令人困惑。此外，常见的规约操作，如 sum()、min() 和 max()已经内置。如果使用其中的一种方法，而非使用 reduce()实现常见操作，那么代码将更容易理解（并且可能运行得更快）。

5.20   函数自省、特性和签名

正如你所见，函数是对象——这意味着它们可以被赋值给变量，放在数据结构中，并像程序中任何其他类型的数据一样使用。它们也可以通过各种方式进行检查。表 5.1 展示了函数的一些常见特性。其中许多特性在调试、日志记录和其他涉及函数的操作中都很有用。

表 5.1   函数特性

特 性	描 述
f.__name__	函数名称
f.__qualname__	完全限定名（如果存在嵌套）
f.__module__	定义函数的模块名称
f.__doc__	文档字符串
f.__annotations__	类型提示
f.__globals__	全局命名空间构成的字典
f.__closure__	闭包变量（如果有的话）
f.__code__	底层代码对象

f.__name__特性包含定义函数时使用的名称。f.__qualname__是一个较长的名称，包含有关定义环境的额外信息。

f.__module__特性是一个字符串，包含定义函数的模块名。f.__globals__特性是一个字典，用于函数的全局命名空间。它通常与附加到关联模块对象的字典相同。

f.__doc__保存函数文档字符串。f.__annotations__特性是一个保存类型提示（如果有的话）的字典。

f.__closure__保存对嵌套函数的闭包变量值的引用。下面的例子展示了如何查看

它们：

```
def add(x, y):
    def do_add():
        return x + y
    return do_add
```

```
>>> a = add(2, 3)
>>> a.__closure__
(<cell at 0x10edf1e20: int object at 0x10ecc1950>,
 <cell at 0x10edf1d90: int object at 0x10ecc1970>)
>>> a.__closure__[0].cell_contents
2
>>>
```

f.__code__ 对象表示函数体的已编译的解释器字节码。

函数可以附加任意特性。这里有一个例子：

```
def func():
    statements

func.secure = 1
func.private = 1
```

特性在函数体中是不可见的——它们不是局部变量，也不在执行环境中以名称的形式出现。函数特性的主要用途是存储额外的元数据。有时，框架或各种元编程技术会使用函数标记——即把特性附加到函数。一个例子是@abstractmethod 装饰器，在抽象基类的方法上使用。装饰器所做的只是附加一个特性：

```
def abstractmethod(func):
    func.__isabstractmethod__ = True
    return func
```

其他一些代码（在本例中，以元类为例）会查找这个特性，并使用它为实例创建过程添加额外的检查。

如果想知道关于函数参数的更多信息，可以使用 inspect.signature()函数来获取它的签名：

```
import inspect

def func(x: int, y:float, debug=False) -> float:
    pass

sig = inspect.signature(func)
```

签名对象提供了许多方便的特性用于打印和获取参数的详细信息。例如：

```python
# 以美化格式打印签名
print(sig)    # 生成：(x: int, y: float, debug=False) -> float

# 获取参数名称的列表
print(list(sig.parameters))    # 生成：[ 'x', 'y', 'debug']

# 对参数进行迭代，并打印各种元数据
for p in sig.parameters.values():
    print('name', p.name)
    print('annotation', p.annotation)
    print('kind', p.kind)
    print('default', p.default)
```

签名是描述函数特质的元数据——诸如如何调用函数、具备什么样的类型提示等等。我们可以用签名做很多事情。签名的一个有用操作是比较。例如，下列代码检查两个函数是否有相同的签名：

```python
def func1(x, y):
    pass


def func2(x, y):
    pass


assert inspect.signature(func1) == inspect.signature(func2)
```

这种比较在框架中可能很有用。例如，框架可以使用签名比较来查看我们编写的函数或方法是否符合预期的原型。

如果签名存储在函数的 __signature__ 特性中，签名则会显示在帮助消息中，并在进一步使用 inspect.signature() 时返回。例如：

```python
def func(x, y, z=None):
    ...


func.__signature__ = inspect.signature(lambda x,y: None)
```

在这个例子中，可选参数 z 将在进一步检查 func 时隐藏。相反，所附的签名[1]将由 inspect.signature()返回。

---

[1] 即 inspect.signature(lambda x,y: None)产生的签名。——译者注

5.21 环境检查

可以使用内置函数 globals() 和 locals() 检查函数的执行环境。globals() 返回用作全局命名空间的字典，与 func.__globals__ 特性作用相同，通常是保存封闭模块内容的同一个字典。locals() 返回一个包含所有局部变量和闭包变量的值的字典，该字典并不用于保存这些变量的实际数据结构。局部变量可以来自外部函数（通过闭包）或在内部定义，locals() 收集所有这些变量并将它们放入字典中。更改 locals() 字典中的项目对下层变量没有影响。例如：

```python
def func():
    y = 20
    locs = locals()
    locs['y'] = 30      # 试图改变 y
    print(locs['y'])    # 打印 30
    print(y)            # 打印 20
```

如果希望更改生效，则必须使用普通赋值将其复制回局部变量。

```python
def func():
    y = 20
    locs = locals()
    locs['y'] = 30
    y = locs['y']
```

函数可以使用 inspect.currentframe() 获取自己的栈帧。函数还可以在帧上通过 f.f_back 特性跟踪栈踪迹来获取其调用者的栈帧。这是一个例子：

```python
import inspect

def spam(x, y):
    z = x + y
    grok(z)

def grok(a):
    b = a * 10

    # 输出: {'a':5, 'b':50 }
    print(inspect.currentframe().f_locals)

    # 输出: {'x':2, 'y':3, 'z':5 }
    print(inspect.currentframe().f_back.f_locals)

spam(2, 3)
```

　　有时，我们会看到使用 **sys._getframe()** 函数获得的栈帧。例如：

```
import sys

def grok(a):
    b = a * 10
    print(sys._getframe(0).f_locals)    # 函数自身
    print(sys._getframe(1).f_locals)    # 函数调用者
```

　　表 5.2 中列出的特性可以帮助我们检查帧。

表 5.2　帧特性

特　　性	描　　述
f.f_back	前一个栈帧（指向调用者）
f.f_code	正在执行的代码对象
f.f_locals	局部变量字典（locals()）
f.f_globals	用于全局变量的字典（globals()）
f.f_builtins	用于内置名称的字典
f.f_lineno	当前行号
f.f_lasti	当前的指令。这是 f_code 的字节码字符串的索引[1]
f.f_trace	在每个源码行开头调用的函数[2]

　　查看栈帧对于调试和代码检查非常有用。例如，这里有一个有趣的调试函数，可以查看调用者选择的变量的值：

```
import inspect
from collections import ChainMap

def debug(*varnames):
    f = inspect.currentframe().f_back
    vars = ChainMap(f.f_locals, f.f_globals)
    print(f'{f.f_code.co_filename}:{f.f_lineno}')
    for name in varnames:
        print(f'    {name} = {vars[name]!r}')

# 使用样例：
def func(x, y):
    z = x + y
    debug('x','y')       # 显示 x 和 y 以及文件/行
    return z
```

---

[1] 参考 Python 的官方文档说明（网址链接 3）：字节码中最后尝试的指令的索引。——译者注
[2] 参考 Python 的官方文档说明（网址链接 3）：帧的跟踪函数，或为 None。——译者注

5.22　动态代码的执行和创建

exec(str [, globals [, locals]])函数执行包含任意 Python 代码的字符串。提供给 exec()的代码被执行，就好像代码实际出现在 exec 操作的位置一样。这是一个例子：

```
a = [3, 5, 10, 13]
exec('for i in a: print(i)')
```

指定给 exec()的代码在调用者的本地和全局命名空间中执行。但是，请注意，对局部变量的更改不会产生任何影响。例如：

```
def func():
    x = 10
    exec("x = 20")
    print(x)     # 打印 10
```

这么做的原因与 locals 是一个收集局部变量的字典有关，而不是实际的局部变量（详情请参考 5.21 节）。

exec()还可选地接受一个或两个字典对象，它们分别作为要执行代码的全局命名空间和局部命名空间。这里有一个例子：

```
globs = {'x': 7,
         'y': 10,
         'birds': ['Parrot', 'Swallow', 'Albatross']
}

locs = { }

# 使用上述字典作为全局命名空间和局部命名空间执行
exec('z = 3 * x + 4 * y', globs, locs)
exec('for b in birds: print(b)', globs, locs)
```

如果省略一个或两个命名空间，则会使用全局命名空间和局部命名空间的当前值。如果只为 globals 提供字典，那么 globals 将同时用于全局命名空间和局部命名空间。

动态代码执行的一个常见用途是创建函数和方法。例如，这里有一个函数，它为给定一系列名称的类创建了__init__()方法：

```
def make_init(*names):
    parms = ','.join(names)
    code = f'def __init__(self, {parms}):\n'
    for name in names:
        code += f'    self.{name} = {name}\n'
    d = { }
```

```
    exec(code, d)
    return d['__init__']

# 使用样例:
class Vector:
    __init__ = make_init('x', 'y', 'z')
```

这种技术已用于标准库的各个部分。例如,namedtuple()、@dataclass 和类似的特性都依赖于使用 exec()创建动态代码。

5.23 异步函数和 await

Python 提供了许多与异步执行代码相关的语言特性,包括所谓的异步函数(async function,或协程)和可等待对象(awaitable)。它们主要由涉及并发和 asyncio 模块的程序使用。然而,其他库也可以在这些特性的基础上构建。

异步函数或协程(coroutine)函数是通过在普通函数定义前加上额外的关键字 async 来定义的。例如:

```
async def greeting(name):
    print(f'Hello {name}')
```

如果调用这样一个函数,会发现它并没有按照普通方式执行——事实上,它根本没有执行;相反,返回的是一个协程对象的实例。例如:

```
>>> greeting('Guido')
<coroutine object greeting at 0x104176dc8>
>>>
```

要让函数运行,该函数必须在其他代码的监督下执行。一个常见的选项是 asyncio。例如:

```
>>> import asyncio
>>> asyncio.run(greeting('Guido'))
Hello Guido
>>>
```

这个例子介绍了异步函数最重要的特性——异步函数永远不会自己执行。异步函数的执行总是需要借助某种类型的管理器或库代码。它不一定是如上所示的 asyncio,但在运行异步函数时总是要涉及一些内容。

除具备托管特点外,异步函数的计算方式与任何其他 Python 函数的计算方式相同。语句按顺序执行,所有常用的控制流特性都能工作。而如果我们想返回一个结果,则使用通常的 return 语句。例如：

```
async def make_greeting(name):
    return f'Hello {name}'
```

给定的返回值由外部 run()函数返回，该函数用于执行异步函数。例如：

```
>>> import asyncio
>>> a = asyncio.run(make_greeting('Paula'))
>>> a
'Hello Paula'
>>>
```

异步函数可以像这样使用 await 表达式调用其他异步函数：

```
async def make_greeting(name):
    return f'Hello {name}'

async def main():
    for name in ['Paula', 'Thomas', 'Lewis']:
        a = await make_greeting(name)
        print(a)

# 运行后，可以看到对 Paula、Thomas 和 Lewis 的问候语
asyncio.run(main())
```

await 的使用仅在封闭的异步函数定义中有效。它也是执行异步函数的必要部分。如果剔除 await，会发现代码被破坏了。

await 的使用要求暗含了异步函数的一般使用问题。也就是说，异步函数不同的求值模型阻止了它们与 Python 其他部分结合使用。具体来说，从非异步函数中调用异步函数是不可能的：

```
async def twice(x):
    return 2 * x

def main():
    print(twice(2))        # 错误。无法执行 twice 函数
    print(await twice(2))  # 错误。这里不能使用 await
```

在同一个应用程序中结合异步和非异步功能是一个复杂的主题（特别是在考虑到一些涉及高阶函数、回调和装饰器的编程技术时）。在大多数情况下，对异步函数的支持必须作为一种特殊情况来构建。

Python 为迭代器和上下文管理器协议提供了细致的异步特性支持。例如，异步上下

文管理器可以在类上使用__aenter__()和__aexit__()方法定义，如下所示：

```python
class AsyncManager(object):
    def __init__(self, x):
        self.x = x

    async def yow(self):
        pass

    async def __aenter__(self):
        return self

    async def __aexit__(self, ty, val, tb):
        pass
```

注意，这些方法是异步函数，因此可以使用 `await` 执行其他异步函数。要使用这样的管理器，必须使用特殊的 `async with` 语法，该语法仅在异步函数中有效：

```python
# 使用样例：
async def main():
    async with AsyncManager(42) as m:
    await m.yow()


asyncio.run(main())
```

类可以通过定义__aiter__()和__anext__()方法来定义异步迭代器。这两个方法由 `async for` 语句使用，`async for` 语句也只可以出现在异步函数中。

从实践角度看，异步函数的行为与普通函数完全相同——只是异步函数必须在 `asyncio` 这样的托管环境中执行。除非明确决定使用异步环境，否则应该忽略异步函数而采取一般的工作方式。这样我们会更快乐。

5.24　最后的话：函数与组合的思考

任何系统都是由组件的组合构建而成的。在 Python 中，这些组件包括各种类型的库和对象。然而，一切的底层都是函数。函数是将系统整合在一起的黏合剂，也是数据流动的基本机制。

本章的大部分讨论都集中在函数的本质及其接口上。如何将输入提供给函数？如何处理输出？如何报告错误？以及如何才能更牢固地控制和更好地理解所有这些事情？

在处理较大型项目时，作为潜在复杂性来源的函数交互值得我们考虑。函数交互处理得好不好，通常意味着我们的 API 设计是直观易用，还是混乱难用。

6

生成器

生成器函数是 Python 最有趣、最强大的特性之一。生成器通常是定义新型迭代模式的一种方便方式。生成器还可以从根本上改变函数的整个执行模型。本章讨论生成器、生成器委托、基于生成器的协程以及生成器的常见应用。

6.1 生成器与 yield

如果函数使用 yield 关键字，将会定义一个被称为生成器的对象。生成器的主要用途是生成迭代中使用的值。这里有一个例子：

```
def countdown(n):
    print('Counting down from', n)
    while n > 0:
        yield n
        n -= 1

# 使用样例：
for x in countdown(10):
    print('T-minus', x)
```

如果调用该函数，会发现它的代码都没有开始执行。例如：

```
>>> c = countdown(10)
>>> c
<generator object countdown at 0x105f73740>
>>>
```

这段代码创建一个生成器对象。只有在开始迭代生成器对象时才会执行函数。要执行函数，一种方法是对它调用 next()：

```
>>> next(c)
```

```
Counting down from 10
10
>>> next(c)
9
```

　　当调用 next()时，生成器函数执行语句，直到到达 yield 语句。yield 语句返回一个结果，此时函数的执行被挂起，直到再次调用 next()。当函数被挂起时，函数保留所有的局部变量和执行环境。在函数恢复执行时，程序继续执行 yield 后面的语句。

　　next()是在生成器上调用__next__()方法的简写方式。例如，也可以这样做：

```
>>> c.__next__()
8
>>> c.__next__()
7
>>>
```

　　通常不会直接在生成器上调用 next()，而是使用 for 语句或其他消费这些项目的操作。例如：

```
for n in countdown(10):
    statements

a = sum(countdown(10))
```

　　生成器函数生成项目，直到函数返回——到达函数的末尾或使用 return 语句。这时会引发一个 StopIteration 异常，StopIteration 异常会中止 for 循环。如果一个生成器函数返回一个非 None 值，则这个值会被附加到 StopIteration 异常。例如，这个生成器函数同时使用 yield 和 return：

```
def func():
    yield 37
    return 42
```

　　下面是代码的执行方式：

```
>>> f = func()
>>> f
<generator object func at 0x10b7cd480>
>>> next(f)
37
>>> next(f)
Traceback (most recent call last):
  File "<stdin>", line 1, in <module>
StopIteration: 42
>>>
```

我们可以看到返回值附加到 StopIteration。要收集这个值，需要显式捕获 StopIteration 并提取该值：

```
try:
    next(f)
except StopIteration as e:
    value = e.value
```

通常，生成器函数不返回值。生成器几乎总是为 for 循环所用，在该循环中无法获得异常值。这意味着获得该值的唯一方法是显式调用 next() 来手动驾驭生成器。而大多数包含生成器的代码都不会这样干。

生成器的一个微妙问题是生成器函数只被部分使用。例如，考虑以下代码，它提前放弃了一个循环：

```
for n in countdown(10):
    if n == 2:
        break
    statements
```

在本例中，for 循环通过调用 break 中止，相关的生成器永远不会运行到完全完成。如果生成器函数执行某种清除操作很重要，请确保使用 try-finally 或上下文管理器。例如：

```
def countdown(n):
    print('Counting down from', n)
    try:
        while n > 0:
            yield n
            n = n - 1
    finally:
        print('Only made it to', n)
```

即使生成器没有被完全使用，也保证了生成器执行最后的 finally 代码——finally 里的代码将在废弃的生成器被垃圾回收时执行。类似地，任何涉及上下文管理器的清理代码也将保证在生成器终止时执行：

```
def func(filename):
    with open(filename) as file:
        ...
        yield data
        ...
    # 如果生成器终止，代码流程到这里时文件会关闭
```

正确清理资源是一个棘手的问题。只要使用诸如 **try-finally** 或上下文管理器这样的构造，即使生成器提前终止，也能保证生成器会做正确处理。

6.2 可重新启动的生成器

通常一个生成器函数只执行一次。例如：

```
>>> c = countdown(3)
>>> for n in c:
...     print('T-minus', n)
...
T-minus 3
T-minus 2
T-minus 1
>>> for n in c:
...     print('T-minus', n)
...
>>>
```

如果想要一个允许重复迭代的对象，请将其定义为一个类并设法让**__iter__()**方法成为生成器：

```
class countdown:
    def __init__(self, start):
        self.start = start

    def __iter__(self):
        n = self.start
        while n > 0:
            yield n
            n -= 1
```

这是因为每次迭代时，**__iter__()**都会创建一个新的生成器。

6.3 生成器委托

生成器的一个基本特性是，涉及 **yield** 的函数永远不会自行执行——必须由 for 循环或显式调用 next()的其他代码来驱动。这使得编写包含 yield 的库函数有些困难，因为直接调用生成器函数并不能让它执行。为了解决这个问题，可以使用 **yield from** 语句。例如：

```
def countup(stop):
    n = 1
    while n <= stop:
        yield n
        n += 1

def countdown(start):
    n = start
    while n > 0:
        yield n
        n -= 1

def up_and_down(n):
    yield from countup(n)
    yield from countdown(n)
```

yield from 有效地将迭代过程委托给外部迭代。例如，可以编写这样的代码来驱动迭代：

```
>>> for x in up_and_down(5):
...     print(x, end=' ')
1 2 3 4 5 5 4 3 2 1
>>>
```

yield from 主要让我们不必亲自驱动迭代。如果没有这个特性，将不得不像下面这样编写 up_and_down(n)：

```
def up_and_down(n):
    for x in countup(n):
        yield x
    for x in countdown(n):
        yield x
```

在必须递归地迭代处理嵌套的可迭代对象时，yield from 特别有用。[1]例如，这段代码捋平了嵌套列表：

```
def flatten(items):
    for i in items:
        if isinstance(i, list):
            yield from flatten(i)
        else:
            yield i
```

---

① 笼统来讲，可将 yield from iterable 看成 for i in iterable: yield i。——译者注

这是一个 **flatten** 如何工作的例子：

```
>>> a = [1, 2, [3, [4, 5], 6, 7], 8]
>>> for x in flatten(a):
...     print(x, end=' ')
...
1 2 3 4 5 6 7 8
>>>
```

这个实现的一个限制是，仍受 Python 的递归限制，所以它不能处理深度嵌套的结构。这将在 6.4 节中讨论。

6.4 生成器实践

乍一看，除定义简单的迭代器外，很难理解如何将生成器用于实际问题。然而，在处理管道和工作流相关的各种数据时，生成器特别有效。

生成器的一个很好的应用是，用来重构由深层嵌套的 **for** 循环和条件语句组成的代码。考虑以下脚本，它在 Python 文件目录中搜索包含 "spam" 一词的所有注释：

```
import pathlib
import re

for path in pathlib.Path('.').rglob('*.py'):
    if path.exists():
        with path.open('rt', encoding='latin-1') as file:
            for line in file:
                m = re.match('.*(#.*)$', line)
                if m:
                    comment = m.group(1)
                    if 'spam' in comment:
                        print(comment)
```

注意嵌套控制流的层数。在查看代码时，眼睛已经开始难受了。现在，考虑使用生成器的版本：

```
import pathlib
import re

def get_paths(topdir, pattern):
    for path in pathlib.Path(topdir).rglob(pattern):
        if path.exists():
            yield path
```

```
def get_files(paths):
    for path in paths:
        with path.open('rt', encoding='latin-1') as file:
            yield file

def get_lines(files):
    for file in files:
        yield from file

def get_comments(lines):
    for line in lines:
        m = re.match('.*(#.*)$', line)
        if m:
            yield m.group(1)

def print_matching(lines, substring):
    for line in lines:
        if substring in line:
            print(substring)

paths = get_paths('.', '*.py')
files = get_files(paths)
lines = get_lines(files)
comments = get_comments(lines)
print_matching(comments, 'spam')
```

在这些代码段中，问题被分解为更小的自包含组件。每个组件本身只关心一个特定的任务。例如，get_paths()生成器只关心路径名，get_files()生成器只关心打开文件，等等。只有在最后，这些生成器才会连接到一个工作流中来解决问题。

让每个组件小而独立是一种很好的抽象技术。例如，考虑 get_comments()生成器，作为输入，它接受任何可迭代的文本行。这个文本几乎可以来自任何地方——文件、列表、生成器等等。因此，与前面深层嵌套 for 循环的代码实现相比，get_comments()的功能更加强大，适应性更强。也因此，生成器通过将问题分解为定义良好的计算任务来鼓励代码重用。较小的任务也更容易进行推理、调试和测试。

生成器对于改变函数的正常计算规则也很有用。通常，当应用一个函数时，它会立即执行，并产生一个结果。生成器并不会这样做。当应用一个生成器函数时，它的执行将延迟，直到其他代码对它调用 next()（显式地，或通过 for 循环）。

作为一个例子，再次来看一下将平嵌套列表的生成器函数：

```
def flatten(items):
    for i in items:
        if isinstance(i, list):
            yield from flatten(i)
        else:
            yield i
```

这个实现的一个问题是，由于 Python 的递归限制，它不能处理深度嵌套的结构。但是，这可以通过栈并采用不同的迭代驱动方式来解决。考虑以下版本：

```
def flatten(items):
    stack = [ iter(items) ]
    while stack:
        try:
            item = next(stack[-1])
            if isinstance(item, list):
                stack.append(iter(item))
            else:
                yield item
        except StopIteration:
            stack.pop()
```

这个实现构建了一个内部迭代器栈。它不受 Python 的递归限制，因为它将数据放在内部列表中，而不是在内部解释器栈中构建帧。因此，如果发现自己需要捋平一些不常见的深层嵌套数据结构，就会发现这个版本工作得很好。

这些例子是否意味着我们应该使用难控的生成器模式重写所有的代码？不是的，主要的原因是，生成器的延迟计算允许改变普通函数计算的时空维度。但在许多真实世界的场景中，生成器技术都是有用的，并能以意想不到的方式应用。

6.5   增强型生成器和 yield 表达式

在生成器函数内部，yield 语句也可以用作出现在赋值运算符右侧的表达式。例如：

```
def receiver():
    print('Ready to receive')
    while True:
        n = yield
        print('Got', n)
```

以这种方式使用 yield 的函数有时被称为"增强型生成器"或"基于生成器的协程"。遗憾的是，第二个术语不太严谨，而且因为"协程"是最近才与异步函数联系在一起的，所以这个术语愈加令人困惑。为了避免这种混淆，我们将使用术语"增强型生成器"来点明我们仍然在讨论使用 yield 的标准函数。

把 yield 作为表达式的函数仍然是生成器，但其用法有所不同。它不生成值，而是响应发送给它的值并执行。例如：

```
>>> r = receiver()
>>> r.send(None)      # 将执行流程定位到生成器中 yield 第一次执行的位置
Ready to receive
>>> r.send(1)
Got 1
>>> r.send(2)
Got 2
>>> r.send('Hello')
Got Hello
>>>
```

在本例中，初始必须调用 r.send(None)，以便生成器执行语句定位到 yield 表达式第一次执行的位置。此时，生成器挂起，等待对应生成器对象 r 的 send()方法将值发送给生成器。传递给 send()的值由生成器中的 yield 表达式返回。在接收到一个值后，生成器继续执行语句，直到遇到下一个 yield。

如前所述，函数不停运行。close()方法可以用来关闭生成器，如下所示：

```
>>> r.close()
>>> r.send(4)
Traceback (most recent call last):
  File "<stdin>", line 1, in <module>
StopIteration
>>>
```

close()操作在生成器的当前 yield 位置抛出 GeneratorExit 异常。通常，这将导致生成器静默终止；如果我们愿意，可以捕获 GeneratorExit 来执行清理动作。一旦生成器关闭，如果再向生成器发送更多的值，将抛出 StopIteration 异常。

通过 throw(ty [, val [, tb]])方法可以让异常在生成器内部抛出，其中 ty 是异常类型，val 是异常参数（或参数元组），tb 是可选的异常回溯信息。例如：

```
>>> r = receiver()
Ready to receive
>>> r.throw(RuntimeError, "Dead")
Traceback (most recent call last):
  File "<stdin>", line 1, in <module>
  File "receiver.py", line 14, in receiver
    n = yield
```

```
RuntimeError: Dead
>>>
```

以任何一种方式抛出的异常都将从生成器中当前执行的 **yield** 语句传播。生成器可以选择捕获异常，并根据需要处理异常。如果生成器不处理异常，它会传播到生成器之外，以便在更高的级别上处理。

6.6 增强型生成器的应用

增强型生成器是一种奇特的编程构造。与自然地提供 **for** 循环的简单生成器不同，不存在驱动增强型生成器的核心语言特性。那么，为什么开发者想要一个需要向生成器发送值的函数呢？这纯属学术范畴吗？

在历史发展的进程中，增强型生成器已经应用于并发库的环境中——特别是那些基于异步 I/O 的库。在这种环境里，它们通常被称为"协程"或"基于生成器的协程"。然而，该功能的大部分实现已经被放进了 Python 的 **async** 和 **await** 特性中。对于 **async** 和 **await** 的应用场景，几乎没有使用 **yield** 的现实理由。尽管如此，**yield** 仍存在一些实际应用。

与生成器一样，增强型生成器可以用于实现不同类型的求值和控制流。一个例子是 **contextlib** 模块中的**@contextmanager** 装饰器。例如：

```
from contextlib import contextmanager

@contextmanager
def manager():
    print("Entering")
    try:
        yield 'somevalue'
    except Exception as e:
        print("An error occurred", e)
    finally:
        print("Leaving")
```

在这里，我们使用一个生成器将上下文管理器的两部分黏合在一起。回想一下，上下文管理器是由实现以下协议的对象定义的：

```
class Manager:
    def __enter__(self):
        return somevalue
```

```
def __exit__(self, ty, val, tb):
    if ty:
        # 发生异常
        ...
        # 如果处理, 则返回 True; 否则, 返回 False
```

随着使用@contextmanager 装饰了生成器, 当管理器进入时 (通过__enter__()
方法) 执行 yield 语句之前的所有内容。yield 之后的所有内容都会在管理器退出时执
行 (通过__exit__()方法)。如果发生了错误, 错误将作为 yield 语句上的异常来报告。
下面是一个例子:

```
>>> with manager() as val:
...     print(val)
...
Entering
somevalue
Leaving
>>> with manager() as val:
...     print(int(val))
...
Entering
An error occurred invalid literal for int() with base 10: 'somevalue'
Leaving
>>>
```

为了实现这一点,[①]我们使用一个包装器类。这是一个简化的实现, 说明了类
@contextmanager 功能的基本实现思路:

```
class Manager:
    def __init__(self, gen):
        self.gen = gen

    def __enter__(self):
        # 运行到 yield
        return self.gen.send(None)

    def __exit__(self, ty, val, tb):
        # 传播异常 (如果有的话)
        try:
            if ty:
                try:
                    self.gen.throw(ty, val, tb)
```

---

① 指实现一个类@contextmanager 的功能。——译者注

```
            except ty:
                return False
        else:
            self.gen.send(None)
    except StopIteration:
        return True
```

扩展生成器的另一个应用是使用函数封装"worker"的任务。函数调用的一个核心特性是，它设置了一个局部变量的环境。访问这些变量是高度优化的——比访问类和实例的特性快得多。因为生成器在显式关闭或销毁之前都是活的，所以可以使用生成器来设置一个长期生存的任务。下面是一个接收字节片段并将其组装成行的生成器示例：

```
def line_receiver():
    data = bytearray()
    line = None
    linecount = 0
    while True:
        part = yield line
        linecount += part.count(b'\n')
        data.extend(part)
        if linecount > 0:
            index = data.index(b'\n')
            line = bytes(data[:index+1])
            data = data[index+1:]
            linecount -= 1
        else:
            line = None
```

在本例中，生成器接收收集进字节数组中的字节片段。如果数组包含换行符，则提取并返回一行；否则，返回 None。下面这个例子说明了代码是如何工作的：

```
>>> r = line_receiver()
>>> r.send(None)      # 启动生成器
>>> r.send(b'hello')
>>> r.send(b'world\nit ')
b'hello world\n'
>>> r.send(b'works!')
>>> r.send(b'\n')
b'it works!\n''
>>>
```

类似的代码可以写成类的形式：

```
class LineReceiver:
    def __init__(self):
```

```
        self.data = bytearray()
        self.linecount = 0

    def send(self, part):
        self.linecount += part.count(b'\n')
        self.data.extend(part)
        if self.linecount > 0:
            index = self.data.index(b'\n')
            line = bytes(self.data[:index+1])
            self.data = self.data[index+1:]
            self.linecount -= 1
            return line
        else:
            return None
```

虽然我们对编写类可能更熟悉，但其代码更复杂，运行速度更慢。在作者的机器上进行了测试，使用生成器将大量的数据块收集到接收器中，要比使用这个类代码快 40%～50%。这些节省大部分是因消除了实例特性查找所致——局部变量更快。

还有许多其他潜在的生成器应用程序，但要记住的一个重点是，如果看到 yield 在不涉及迭代的上下文中使用，那么它很可能是使用了诸如 send() 或 throw() 之类的增强特性。

6.7 生成器与 await 的联系

生成器函数的一个经典用法体现在异步 I/O 的相关库中，比如标准的 asyncio 模块。然而，自 Python 3.5 起，大部分生成器实现的功能已经移到了与异步函数和 await 语句相关联的其他语言特性中（参见第 5 章的最后一部分）。

await 语句需要与一个包装过的生成器进行交互。下面的例子演示了 await 使用的底层协议：

```python
class Awaitable:
    def __await__(self):
        print('About to await')
        yield      # 必须是一个生成器
        print('Resuming')

# 与“await”兼容的函数。返回一个“awaitable”
def function():
    return Awaitable()
```

```
async def main():
    await function()
```

下面是使用 **asyncio** 调用这段代码的方法：

```
>>> import asyncio
>>> asyncio.run(main())
About to await
Resuming
>>>
```

有必要知道 **await** 是如何工作的吗？不用。通常所有机制都隐藏在幕后。但是，如果发现自己在使用异步函数，只需知道有一个生成器函数暗藏在幕后某处。如果继续深挖技术债的"坑"，最终会找到这个生成器。

6.8   最后的话：生成器简史及展望

生成器的演进史是 Python 社区的一个比较有趣的成功案例。它也是迭代技术这个更大演进历史的一部分。迭代是最常见的编程任务之一。在早期版本的 Python 中，迭代是通过序列索引和 **__getitem__**()方法实现的。这后来演变成基于 **__iter__**() 和 **__next__**()方法的当前迭代协议。此后不久，生成器作为实现迭代器的一种更方便的方式出现了。在现代 Python 中，几乎没有理由使用生成器以外的任何技术来实现迭代器。即使是在你自己定义的可迭代对象上，**__iter__**()方法本身也可以通过生成器方式方便地实现。

在 Python 的后续版本中，随着协程相关的增强特性（**send**()和 **throw**()方法）的发展，生成器承担了新的角色。这些增强特性不再只应用于迭代，也为在其他环境中使用生成器提供了可能性。最值得注意的是，生成器构成了许多用于网络编程和并发性的异步框架的基础。然而，随着异步编程的发展，其中的大部分生成器功能实现已经转变为使用 **async/await** 语法的新型特性。因此，生成器函数在迭代环境之外使用就变得并不常见了（在迭代环境中使用是生成器的最初设计目的）。事实上，如果发现自己定义了一个生成器函数且并不用于迭代，那就可能应该重新考虑自己的设计，也许有一种更好的或更现代的方式来完成你正在做的事情。

7

类和面向对象编程

类用于创建新对象。尽管本章涵盖了类的细节，但并不能作为面向对象编程和设计的深入参考。本章还讨论了一些 Python 中常见的编程模式，以及自定义类的方法，以便开发者可以做一些有趣的工作。本章的整体结构是自上而下的：首先描述类的高级概念和技术；之后，本章的内容将更具技术性，并集中于内部实现。

7.1 对象

几乎所有 Python 代码都涉及对象的创建和执行操作。例如，我们可以创建一个字符串对象，并对其进行如下操作：

```
>>> s = "Hello World"
>>> s.upper()
'HELLO WORLD'
>>> s.replace('Hello', 'Hello Cruel')
'Hello Cruel World'
>>> s.split()
['Hello', 'World']
>>>
```

或者对一个列表对象进行操作：

```
>>> names = ['Paula', 'Thomas']
>>> names.append('Lewis')
>>> names
['Paula', 'Thomas', 'Lewis']
>>> names[1] = 'Tom'
>>>
```

每个对象的本质特征是它通常具有某种状态——字符串的字符、列表的元素等，以及对该状态进行操作的方法。这些方法是通过对象本身调用的——就像它们是通过点（.）
运算符附着到对象的函数一样。

对象总是具有关联的类型。你可以使用 **type()** 来查看对象相应的类型：

```
>>> type(names)
<class 'list'>
>>>
```

一个对象被称作其类型的实例。例如，names 是 list 的一个实例。

7.2 class 语句

使用 class 语句定义新对象。类通常包含一系列函数，以组成方法。这里有一个例子：

```
class Account:
    def __init__(self, owner, balance):
        self.owner = owner
        self.balance = balance

    def __repr__(self):
        return f'Account({self.owner!r}, {self.balance!r})'

    def deposit(self, amount):
        self.balance += amount

    def withdraw(self, amount):
        self.balance -= amount

    def inquiry(self):
        return self.balance
```

需要注意的是，class 语句本身不会创建类的任何实例。例如，在前面的示例中没
有实际创建账户。更确切地说，类仅仅保存方法，以供后续创建的实例使用。可以把类
想象成一幅蓝图。

类内部定义的函数被称为方法。实例方法是对类的一个实例进行操作的函数，该实
例作为第一个参数传递给实例方法。按照惯例，这个参数叫作 self。在前面的示例中，
deposit()、withdraw() 和 inquiry() 都是实例方法。

类的 __init__() 和 __repr__() 方法是所谓的特殊或魔术方法的例子。这些方法对
解释器运行时具有特殊的意义。__init__() 方法在创建新实例时初始化状态。
__repr__() 方法返回一个查看对象的字符串。尽管 __repr__() 方法的定义是可选的，

但它可以简化调试，并且便于从交互提示符中查看对象。

类定义也可以包含文档字符串和类型提示。例如：

```
class Account:
    '''
    一个简单的银行账户类
    '''
    owner: str
    balance: float

    def __init__(self, owner, balance):
        self.owner = owner
        self.balance = balance

    def __repr__(self):
        return f'Account({self.owner!r}, {self.balance!r})'

    def deposit(self, amount):
        self.balance += amount

    def withdraw(self, amount):
        self.balance -= amount

    def inquiry(self):
        return self.balance
```

类型提示不会改变任何方面的类工作方式——也就是说，它们并不会引入任何额外的检查或验证。类型提示纯粹是元数据，可能对第三方工具或 IDE 有用，或为某些高级编程技术所用。后续的大多数例子中都不会用到类型提示。

7.3 实例

通过把类对象作为函数来调用，就可以创建类实例。这将创建一个新实例，然后传递给 __init__() 方法。__init__() 的参数由新创建的实例（self）和调用类对象时提供的参数组成。例如：

```
# 创建新账户

a = Account('Guido', 1000.0)
# 调用 Account.__init__(a, 'Guido', 1000.0)

b = Account('Eva', 10.0)
```

```
# 调用 Account.__init__(b, 'Eva', 10.0)
```

在 `__init__()`中，把特性分配给 `self`，以将特性保存在实例中。例如，`delf.owner = owner` 将特性 owner 保存在实例上。一旦新建实例返回了，这些特性以及类的方法就能使用点（`.`）运算符来访问：

```
a.deposit(100.0)    # 调用 Account.deposit(a, 100.0)
b.withdraw(50.00    # 调用 Account.withdraw(b, 50.0)
owner = a.owner     # 获取账户所有人（owner）
```

一个重点是，每个实例都有自己的状态。我们可以使用 `vars()`函数来查看实例变量。例如：

```
>>> a = Account('Guido', 1000.0)
>>> b = Account('Eva', 10.0)
>>> vars(a)
{'owner': 'Guido', 'balance': 1000.0}
>>> vars(b)
{'owner': 'Eva', 'balance': 10.0}
>>>
```

请注意，这里没有出现方法。方法是在类中查找的。每个实例通过其关联的类型来指向对应类。例如：

```
>>> type(a)
<class 'Account'>
>>> type(b)
<class 'Account'>
>>> type(a).deposit
<function Account.deposit at 0x10a032158>
>>> type(a).inquiry
<function Account.inquiry at 0x10a032268>
>>>
```

本章后面将讨论特性绑定的实现细节以及实例和类之间的关系。

7.4 特性访问

在实例的特性上只能执行三种基本操作：获取、设置和删除特性。例如：

```
>>> a = Account('Guido', 1000.0)
>>> a.owner              # 获取
'Guido'
>>> a.balance = 750.0    # 设置
```

```
>>> del a.balance          # 删除
>>> a.balance
Traceback (most recent call last):
  File "<stdin>", line 1, in <module>
AttributeError: 'Account' object has no attribute 'balance'
>>>
```

Python 中的一切都是一个动态过程，几乎没有限制。如果想在对象创建后添加一个新特性，也是没问题的。例如：

```
>>> a = Account('Guido', 1000.0)
>>> a.creation_date = '2019-02-14'
>>> a.nickname = 'Former BDFL'
>>> a.creation_date
'2019-02-14'
>>>
```

可以给 getattr()、setattr()和 delattr()函数提供一个字符串形式的特性名，这样就可以绕过点（.）来执行这些操作。hasattr()函数用于测试特性是否存在。例如：

```
>>> a = Account('Guido', 1000.0)
>>> getattr(a, 'owner')
'Guido'
>>> setattr(a, 'balance', 750.0)
>>> delattr(a, 'balance')
>>> hasattr(a, 'balance')
False
>>> getattr(a, 'withdraw')(100)    # Method call
>>> a
Account('Guido', 650.0)
>>>
```

a.attr 和 getattr(a，'attr')是可以互换的，所以 getattr(a, withdraw')(100)与 a.withdraw(100)相同。重点不在于 withdraw()是否是一个方法。

getattr()函数的一个亮点是可以携带一个可选的缺省值。如果想查找一个可能存在也可能不存在的特性，则可以这样做：

```
>>> a = Account('Guido', 1000.0)
>>> getattr(s, 'balance', 'unknown')
1000.0
>>> getattr(s, 'creation_date', 'unknown')
'unknown'
>>>
```

当把方法作为特性来访问时，将获得一个被称为绑定方法（bound method）的对象。

例如：

```
>>> a = Account('Guido', 1000.0)
>>> w = a.withdraw
>>> w
<bound method Account.withdraw of Account('Guido', 1000.0)>
>>> w(100)
>>> a
Account('Guido', 900.0)
>>>
```

绑定方法是一个对象，它包含一个实例（self）和实现该方法的函数。当通过括号和参数调用绑定方法时，绑定对象会执行原方法，并将附着的实例作为第一个参数传递。例如，上面调用 w(100) 会变成对 Account.withdraw(a, 100) 的调用。

7.5 作用域规则

虽然类为方法定义了一个隔离的命名空间，但该命名空间并不作为解析方法内部名称的作用域。因此，在实现类时，对特性和方法的引用必须是完全限定的。例如，在方法中，总是通过 self 引用实例的特性。如此一来，应该使用 self.balance，而非 balance。如果想从一个方法调用另一个方法，这也适用。例如，假设我们想要实现 withdraw()，以存入一个负数的金额：

```
class Account:
    def __init__(self, owner, balance):
        self.owner = owner
        self.balance = balance

    def __repr__(self):
        return f'Account({self.owner!r}, {self.balance!r})'

    def deposit(self, amount):
        self.balance += amount

    def withdraw(self, amount):
        self.deposit(-amount)     # 必须使用 self.deposit() 的方式

    def inquiry(self):
        return self.balance
```

缺乏类级作用域是 Python 不同于 C++或 Java 的一个方面。如果使用过这些语言，

Python 中的 self 参数与所谓的 "this" 指针相同，只不过在 Python 中必须显式地使用
self。

7.6 运算符重载及协议

在第 4 章中，我们讨论了 Python 的数据模型，特别关注了实现 Python 运算符和协议
的所谓特殊方法。例如，len(obj) 函数调用 obj.__len__()，而 obj[n] 调用
obj.__getitem__(n)。

在定义一个新类时，通常会定义其中的一些方法。Account 类中的__repr__()方法
就是增强调试输出的一个方法。如果要创建更复杂的东西，比如自定义容器，则可以定
义更多这样的特殊方法。例如，假设想实现一个账户集合类：

```python
class AccountPortfolio:
    def __init__(self):
        self.accounts = []

    def add_account(self, account):
        self.accounts.append(account)

    def total_funds(self):
        return sum(account.inquiry() for account in self)

    def __len__(self):
        return len(self.accounts)

    def __getitem__(self, index):
        return self.accounts[index]

    def __iter__(self):
        return iter(self.accounts)

# 样例
port = AccountPortfolio()
port.add_account(Account('Guido', 1000.0))
port.add_account(Account('Eva', 50.0))

print(port.total_funds())      # -> 1050.0
len(port)                      # -> 2

# 打印 accounts
for account in port:
```

```
    print(account)
```

```
# 通过索引访问一个独立的账户
port[1].inquiry()              # -> 50.0
```

出现在末尾的特殊方法，如`__len__()`、`__getitem__()`和`__iter__()`，使得`AccountPortfolio` 能够与 Python 运算符（如索引和迭代）一起工作。

有时候我们会听到 "Pythonic" 这个词，比如 "这段代码很 Pythonic"。这个术语是非正式的，但它通常指的是一个对象与 Python 环境的其余部分配合良好。这意味着在合理范围内代码对诸如迭代、索引及其他操作等核心 Python 特性的支持。而我们几乎总是在类中实现某些预定义的特殊方法，以体现出 "Pythonic" 味道，如第 4 章所述。

7.7 继承

继承是一种创建新类的机制，这个新类特有化或修改现有类的行为。原始类被称为基类、超类或父类（base class、superclass、parent class）。新类被称为派生类、子类、子类型（derived class、child class/subclass、subtype）。当通过继承创建一个类时，派生类继承基类定义的特性。但是，派生类可以任意重新定义这些特性，并添加自己的新特性。

继承是在 `class` 语句中用逗号分隔的基类名称列表指定的。如果没有指定基类，则类隐式继承自 `object`。`object` 是所有 Python 对象的根类；它提供了一些常见方法（如`__str__()`和`__repr__()`）的缺省实现。

继承的一个用途是用新方法扩展现有的类。例如，假设想要向 `Account` 添加一个`panic()`方法，该方法将提取所有资金。实现方式如下：

```
class MyAcount(Account):
    def panic(self):
        self.withdraw(self.balance)
```

```
# 样例
a = MyAcount('Guido', 1000.0)
a.withdraw(23.0)        # a.balance = 977.0
a.panic()               # a.balance = 0
```

继承也可以用来重新定义现有方法。例如，这里有一个专门版本的 `Account`，它重新定义了 `inquiry()`方法，该方法时不时地夸大余额，希望那些马大哈们会透支他们的账户，并在其支付次级抵押贷款时招致一大笔罚款：

```
import random
```

```
class EvilAccount(Account):
    def inquiry(self):
        if random.randint(0,4) == 1:
            return self.balance * 1.10
        else:
            return self.balance

a = EvilAccount('Guido', 1000.0)
a.deposit(10.0)              # 调用 Account.deposit(a, 10.0)
available = a.inquiry()      # 调用 EvilAccount.inquiry(a)
```

在本例中，除了重新定义的 inquiry() 方法，EvilAccount 实例与 Account 实例是相同的。

偶尔，派生类会重新实现一个方法，但同时又需要调用原始实现。使用 super() 可以显式地调用原始方法：

```
class EvilAccount(Account):
    def inquiry(self):
        if random.randint(0,4) == 1:
            return 1.10 * super().inquiry()
        else:
            return super().inquiry()
```

在这个例子中，super() 允许访问之前的定义方法。super().inquiry() 调用的是 inquiry() 在被 EvilAccount 重定义之前的原始定义。

虽不常见，但继承也可以向实例新增特性。以下代码演示了将上述示例中的 1.10 因子改变为可调整的实例级特性：

```
class EvilAccount(Account):
    def __init__(self, owner, balance, factor):
        super().__init__(owner, balance)
        self.factor = factor

    def inquiry(self):
        if random.randint(0,4) == 1:
            return self.factor * super().inquiry()
        else:
            return super().inquiry()
```

添加特性的一个棘手问题是处理原始的 __init__() 方法。在这个例子中，我们定义了一个新版本的 __init__()，它包含了新增的实例变量 factor。然而，当重新定义 __init__() 时，使用 super().__init__() 初始化父类是子类的职责（如下述代码所示）。如果忘记调用 super().__init__() 来初始化父类，最终会得到一个半初始化的对象，一切都会崩溃。由于初始化父类需要额外参数，因此这些参数仍然必须传递给子类的 __init__() 方法。

继承可能会在不知不觉中破坏我们的代码。考虑 Account 类的 __repr__() 方法：

```python
class Account:
    def __init__(self, owner, balance):
        self.owner = owner
        self.balance = balance

    def __repr__(self):
        return f'Account({self.owner!r}, {self.balance!r})'
```

在这里，__repr__() 方法的目的是生成良好输出，以辅助调试。但是，该方法硬编码名称 Account。如果一旦继承这个类，就会发现输出是错误的：

```python
>>> class EvilAccount(Account):
...     pass
...
>>> a = EvilAccount('Eva', 10.0)
>>> a
Account('Eva', 10.0)     # 请注意这个让人误解的输出
>>> type(a)
<class 'EvilAccount'>
>>>
```

要解决这个问题，需要修改 __repr__() 方法来使用正确的类型名。例如：

```python
class Account:
    ...
    def __repr__(self):
        return f'{type(self).__name__}({self.owner!r}, {self.balance!r})'
```

现在我们将看到更精确的输出。并不是每个类都会用到继承，但如果继承方式是既有类的预期用例，则需要注意这样的细节。一般的规则是，避免硬编码类名。

继承在类型系统中建立了一种关系，其中的任何子类都将作为父类进行类型检查。例如：

```python
>>> a = EvilAccount('Eva', 10)
>>> type(a)
<class 'EvilAccount'>
>>> isinstance(a, Account)
True
>>>
```

这就是所谓的"is a"关系：**EvilAccount** 是一个 **Account**。有时，"is a"继承关系用于定义对象类型本体或分类。例如：

```
class Food:
    pass

class Sandwich(Food):
    pass

class RoastBeef(Sandwich):
    pass

class GrilledCheese(Sandwich):
    pass

class Taco(Food):
    pass
```

在实践中，以这种方式组织对象可能相当困难，并且充满危险。假设你想在上面的层次结构中添加一个 **HotDog** 类。它要摆在哪儿？考虑到热狗有一个面包，你大概倾向于使它成为三明治的子类吧。然而，从面包的整体曲线形状和美味的馅料来看，也许热狗真的更像墨西哥玉米卷。那么，这时候你就想让它成为两者的子类：

```
class HotDog(Sandwich, Taco):
    pass
```

此时，每个人都坚持自己的观点，办公室里卷入了一场激烈的争论。这可能是提出 Python 支持多重继承的好时机。为此，列出多个类作为父类。生成的子类将继承父类的所有组合特性。有关多重继承的更多信息，可参见 7.19 节。

7.8 通过组合避免继承

关于继承的一个问题是所谓的实现继承。举例来说，假设想要创建一个具有 push 和 pop 操作的栈数据结构，一个快速的方法是从一个列表中继承并添加一个新方法：

```
class Stack(list):
    def push(self, item):
        self.append(item)

# 样例
s = Stack()
```

```
s.push(1)
s.push(2)
s.push(3)
s.pop()    # -> 3
s.pop()    # -> 2
```

　　显然，这个数据结构的工作方式类似于栈，但它还具有列表的所有其他特性——插入、排序、切片重分配等。这是实现继承——我们使用继承来重用一些代码，在这些代码的基础上构建了其他东西，但是我们同时也得到了许多与实际要解决的问题无关的特性。用户可能会觉得这个对象很奇怪。为什么栈有排序方法？

　　一个更好的方式是组合。不要通过继承列表来构建栈，而应该将栈构建为一个刚好包含列表的独立类。内部有一个列表的事实归属于一个实现细节。例如：

```
class Stack:
    def __init__(self):
        self._items = list()

    def push(self, item):
        self._items.append(item)

    def pop(self):
        return self._items.pop()

    def __len__(self):
        return len(self._items)

# 使用样例
s = Stack()
s.push(1)
s.push(2)
s.push(3)
s.pop() # -> 3
s.pop() # -> 2
```

　　这个对象的工作方式与之前的完全相同，但它只专注于作为一个栈，没有多余的列表方法或非栈特性，目的更加明确。

　　对这个实现的一个轻微扩展是，可以将内部 list 类作为可选参数：

```
class Stack:
    def __init__(self, *, container=None):
        if container is None:
            container = list()
        self._items = container
```

```
    def push(self, item):
        self._items.append(item)

    def pop(self):
        return self._items.pop()

    def __len__(self):
        return len(self._items)
```

这种方法的一个好处是它促进了组件的松散耦合。例如，我们可能想要创建一个将栈元素存储在类型数组而非列表中的栈。那么，就可以这样做：

```
import array

s = Stack(container=array.array('i'))
s.push(42)
s.push(23)
s.push('a lot')     # TypeError
```

这也是所谓的依赖注入（dependency injection）的一个例子，不必硬性要求 Stack 只依赖 list，可以让栈结构依赖用户传入的任何容器（只要这个容器实现了所需的接口）。

更广泛地说，使内部列表成为一个隐藏的实现细节与数据抽象的问题有关。也许稍后我们甚至决定不想使用列表，上面的设计使得更改很容易。例如，如果像下面这样改变代码实现来使用链表元组，Stack 的用户甚至不会注意到：

```
class Stack:
    def __init__(self):
        self._items = None
        self._size = 0

    def push(self, item):
        self._items = (item, self._items)
        self._size += 1

    def pop(self):
        (item, self._items) = self._items
        self._size -= 1
        return item

    def __len__(self):
        return self._size
```

要决定是否使用继承，应该退后一步问问自己，正在构建的对象是父类的一个专属版本，还是仅仅将该对象用作构建其他东西过程中的一个组件？如果是后者，则不要使用继承。

7.9　通过函数避免继承

你有时可能会发现自己编写的类只有一个需要定制的方法。例如，也许写了一个像这样的数据解析类：

```python
class DataParser:
    def parse(self, lines):
        records = []
        for line in lines:
            row = line.split(',')
            record = self.make_record(row)
            records.append(row)
        return records

    def make_record(self, row):
        raise NotImplementedError()

class PortfolioDataParser(DataParser):
    def make_record(self, row):
        return {
            'name': row[0],
            'shares': int(row[1]),
            'price': float(row[2])
        }

parser = PortfolioDataParser()
data = parser.parse(open('portfolio.csv'))
```

这种方式太累赘了。如果我们正在编写大量这样的只有一个自定义方法的类，可以考虑使用函数。例如：

```python
def parse_data(lines, make_record):
    records = []
    for line in lines:
        row = line.split(',')
        record = make_record(row)
        records.append(row)
    return records

def make_dict(row):
```

```
    return {
        'name': row[0],
        'shares': int(row[1]),
        'price': float(row[2])
    }

data = parse_data(open('portfolio.csv'), make_dict)
```

这段代码更简单、灵活，而且简单的函数更容易测试。如果需要将其扩展到类中，稍后也可以这么做。过早抽象通常不是一件好事。

7.10　动态绑定和鸭子类型

动态绑定是 Python 用来查找对象特性的运行时机制。这就是允许 Python 在不考虑实例类型的情况下使用实例的原因。在 Python 中，变量名没有关联的类型。因此，特性绑定过程与 obj 是什么类型的对象无关。如果进行查找，例如 obj.name，在任何刚好具有 name 特性的 obj 上，它都将正常工作。这种行为有时被称为"鸭子（duck）类型"——有句格言是这样说的："如果它看起来像鸭子，叫起来像鸭子，走起来像鸭子，那么它就是鸭子。"

Python 程序员经常编写依赖于动态绑定的程序。例如，如果想创建一个现有对象的自定义版本，可以使用继承，也可以创建一个外观和行为相似但在其他方面不相关的全新对象。后一种方法通常用在管理松耦合的程序组件的场景中。例如，代码可以用来处理任何类型的对象，只要该对象有一组特定的方法。最常见的一个例子是标准库中定义的各种可迭代对象。有各种各样的对象，如列表、文件、生成器、字符串等，可以与 for 循环一起协同生成值。但是，这些对象都没有继承任何特定的 Iterable 基类。它们仅仅实现了执行迭代所需的方法——然后它们就都能工作。

7.11　继承内置类型的危险性

Python 允许继承内置类型。然而，这样做会带来危险。例如，如果子类化 dict，以强制所有键为大写形式，可以像这样重新定义__setitem__()方法：

```
class udict(dict):
    def __setitem__(self, key, value):
        super().__setitem__(key.upper(), value)
```

事实上，乍一看它似乎是有效的：

```
>>> u = udict()
>>> u['name'] = 'Guido'
>>> u['number'] = 37
>>> u
{ 'NAME': 'Guido', 'NUMBER': 37 }
>>>
```

然而，进一步使用表明，它只是看起来起作用。事实上，它根本不起作用：

```
>>> u = udict(name='Guido', number=37)
>>> u
{ 'name': 'Guido', 'number': 37 }
>>> u.update(color='blue')
>>> u
{ 'name': 'Guido', 'number': 37, 'color': 'blue' }
>>>
```

这里的问题在于，Python 的内置类型的实现方式与普通 Python 类不同——内置类型用 C 语言实现。其调用的大多数方法同样也是由 C 语言实现的。例如，dict.update() 方法直接操作字典数据，而从不借助上述自定义 udict 类中重定义的 __setitem__() 方法。

collections 模块有一些特殊的类——UserDict、UserList 和 UserString，可以用来创建 dict、list 和 str 类型的安全子类。例如，下面这个解决方案更好：

```
from collections import UserDict

class udict(UserDict):
    def __setitem__(self, key, value):
        super().__setitem__(key.upper(), value)
```

下面是这个新版本的一个例子：

```
>>> u = udict(name='Guido', num=37)
>>> u.update(color='Blue')
>>> u
{'NAME': 'Guido', 'NUM': 37, 'COLOR': 'Blue'}
>>> v = udict(u)
>>> v['title'] = 'BDFL'
>>> v
{'NAME': 'Guido', 'NUM': 37, 'COLOR': 'Blue', 'TITLE': 'BDFL'}
>>>
```

大多数时候，子类化内置类型是可以避免的。例如，在构建新容器时，最好创建一个新类，如 7.8 节中的 Stack 类。如果确实需要子类化一个内置类，那么需要做的事情可能比想象的要多得多。

7.12　类变量和方法

在类定义中，假定所有函数都操作一个实例，该实例总是作为第一个参数 self 传递。然而，类本身也是一个对象，它可以携带状态，也可以被操作。例如，可以使用类变量 num_accounts 跟踪已经创建了多少个实例：

```
class Account:
    num_accounts = 0

    def __init__(self, owner, balance):
        self.owner = owner
        self.balance = balance
        Account.num_accounts += 1

    def __repr__(self):
        return f'{type(self).__name__}({self.owner!r}, {self.balance!r})'

    def deposit(self, amount):
        self.balance += amount

    def withdraw(self, amount):
        self.deposit(-amount)    # 必须通过 self.deposit()来调用

    def inquiry(self):
        return self.balance
```

类变量在通常的__init__()方法之外定义。要修改它们，请使用类，而不是 self。例如：

```
>>> a = Account('Guido', 1000.0)
>>> b = Account('Eva', 10.0)
>>> Account.num_accounts
2
>>>
```

虽说有点不寻常，但是类变量也可以通过实例访问。例如：

```
>>> a.num_accounts
2
>>> c = Account('Ben', 50.0)
```

```
>>> Account.num_accounts
3
>>> a.num_accounts
3
>>>
```

可以这样做的原因是，如果实例本身没有匹配的特性，实例上的特性查找将检查相关的类。这与 Python 查找方法的常规机制相同。

也可以定义所谓的*类方法*（class method）。类方法是应用于类本身的方法，而非应用于实例。类方法的一个常见用途是定义实例的辅助构造方法。例如，假设有一个需求，要从一个遗留的企业级输入格式中创建 Account 实例：

```
data = '''
<account>
  <owner>Guido</owner>
  <amount>1000.0</amount>
</account>
'''
```

为此，可以像这样使用@classmethod：

```
class Account:
    def __init__(self, owner, balance):
        self.owner = owner
        self.balance = balance

    @classmethod
    def from_xml(cls, data):
        from xml.etree.ElementTree import XML
        doc = XML(data)
        return cls(doc.findtext('owner'), float(doc.findtext('amount')))

# 使用样例
data = '''
<account>
  <owner>Guido</owner>
  <amount>1000.0</amount>
</account>
'''

a = Account.from_xml(data)
```

类方法的第一个参数总是类本身。按照惯例，这个参数通常被命名为 cls。在本例中，cls 被设置为 Account。如果类方法的目的是创建新实例，则必须采取显式步骤来

实现这一点。在本例的最后一行，在相应的两个参数上调用 `cls(…, …)` 与调用
`Account(…, …)`是一样的。

类作为参数传递，解决了一个与继承有关的重要问题。假设我们定义了 Account 的
一个子类，现在想创建子类的一个实例。我们将发现类方法仍然有效：

```
class EvilAccount(Account):
    pass

e = EvilAccount.from_xml(data)    # 创建一个'EvilAccount'
```

这段代码工作的原因是，**EvilAccount** 现在作为 **cls** 传递。因此，from_xml()类
方法的最后一条语句现在创建了一个 **EvilAccount** 实例。

类变量和类方法有时一起用来配置和控制实例的操作方式。作为另一个例子，考虑
下面的 Date 类：

```
import time

class Date:
    datefmt = '{year}-{month:02d}-{day:02d}'

    def __init__(self, year, month, day):
        self.year = year
        self.month = month
        self.day = day

    def __str__(self):
        return self.datefmt.format(year=self.year,
                                   month=self.month,
                                   day=self.day)

    @classmethod
    def from_timestamp(cls, ts):
        tm = time.localtime(ts)
        return cls(tm.tm_year, tm.tm_mon, tm.tm_mday)

    @classmethod
    def today(cls):
        return cls.from_timestamp(time.time())
```

这个类有一个类变量 datefmt，用于调整__str__()方法的输出。这是可以通过继
承定制的：

```
class MDYDate(Date):
    datefmt = '{month}/{day}/{year}'

class DMYDate(Date):
    datefmt = '{day}/{month}/{year}'

# 样例
a = Date(1967, 4, 9)
print(a)     # 1967-04-09

b = MDYDate(1967, 4, 9)
print(b)     # 4/9/1967

c = DMYDate(1967, 4, 9)
print(c)     # 9/4/1967
```

像这样通过类变量和继承进行配置是调整实例行为的常用方式。类方法的使用对于上述代码的正常工作非常关键，因为类方法确保了创建正确类型的对象。例如：

```
a = MDYDate.today()
b = DMYDate.today()
print(a)     # 2/13/2019
print(b)     # 13/2/2019
```

到目前为止，实例的辅助构造方法是类方法最常用的用法。这类方法的一个常见命名约定是将 from_ 作为前缀，例如 from_timestamp()。我们可以看到在整个标准库和第三方包的类方法中大量使用了这种命名约定。例如，字典有一个类方法，用于从一组键中创建一个预先初始化的字典：

```
>>> dict.from_keys(['a','b','c'], 0)
{'a': 0, 'b': 0, 'c': 0}
>>>
```

关于类方法的一个警告是，在一个命名空间中，Python 不会将类方法与实例方法分开管理。这样做的一个结果是，这种情况下仍可以在实例上调用类方法。例如：

```
d = Date(1967,4,9)
b = d.today()     # 调用 Date.now(Date)
```

但这可能相当令人困惑，因为对 d.today()的调用实际上与实例 d 没有任何关系。然而，在 IDE 和程序文档中可能会看到 today()作为 Date 实例的有效方法列出。

7.13　静态方法

有时，一个类仅作为某函数集合的命名空间，这些函数使用@staticmethod 声明为静态方法。与普通方法或类方法不同，静态方法不需要额外的 self 或 cls 参数。静态方法只是一个恰好在类中定义的普通函数。例如：

```
class Ops:
    @staticmethod
    def add(x, y):
        return x + y

    @staticmethod
    def sub(x, y):
        return x - y
```

Python 程序员通常不会创建该类实例；相反，其会直接通过类调用函数：

```
a = Ops.add(2, 3)    # a = 5
b = Ops.sub(4, 5)    # a = -1
```

有时，其他类会使用这样的静态方法集合来实现"可交换"或"可配置"的行为，或者将静态方法集合作为松散模仿导入模块行为的东西。回顾一下前面 Account 示例中继承的使用：

```
class Account:
    def __init__(self, owner, balance):
        self.owner = owner
        self.balance = balance

    def __repr__(self):
        return f'{type(self).__name__}({self.owner!r}, {self.balance!r})'

    def deposit(self, amount):
        self.balance += amount

    def withdraw(self, amount):
        self.balance -= amount

    def inquiry(self):
        return self.balance

# 一个特定的"Evil"账户
class EvilAccount(Account):
    def deposit(self, amount):
```

```
        self.balance += 0.95 * amount

    def inquiry(self):
        if random.randint(0,4) == 1:
            return 1.10 * self.balance
        else:
            return self.balance
```

这里继承的使用有点奇怪。它引入了两种不同类型的对象，Account 和 EvilAccount。也没有明确的方法来将已有 Account 实例转换为 EvilAccount（或反过来转换），因为这将涉及更改实例类型。也许有一个"Evil"配置清单作为一种账户策略会更好。下面是 Account 的另一个替代方法，其通过静态方法做到了这一点：

```python
class StandardPolicy:
    @staticmethod
    def deposit(account, amount):
        account.balance += amount

    @staticmethod
    def withdraw(account, amount):
        account.balance -= amount

    @staticmethod
    def inquiry(account):
        return account.balance

class EvilPolicy(StandardPolicy):
    @staticmethod
    def deposit(account, amount):
        account.balance += 0.95 * amount

    @staticmethod
    def inquiry(account):
        if random.randint(0,4) == 1:
            return 1.10 * account.balance
        else:
            return account.balance

class Account:
    def __init__(self, owner, balance, *, policy=StandardPolicy):
        self.owner = owner
        self.balance = balance
        self.policy = policy
```

```python
    def __repr__(self):
        return f'Account({self.policy}, {self.owner!r}, {self.balance!r})'

    def deposit(self, amount):
        self.policy.deposit(self, amount)

    def withdraw(self, amount):
        self.policy.withdraw(self, amount)

    def inquiry(self):
        return self.policy.inquiry(self)
```

在这个重定义中，只创建了一种类型的实例，即 Account。但这个 Account 有一个特殊的 policy 特性，它提供了各种方法的实现。如果需要，可以在现有 Account 实例上动态更改策略：

```python
>>> a = Account('Guido', 1000.0)
>>> a.policy
<class 'StandardPolicy'>
>>> a.deposit(500)
>>> a.inquiry()
1500.0
>>> a.policy = EvilPolicy
>>> a.deposit(500)
>>> a.inquiry()     # 可以随机用 1.10 乘金额
1975.0
>>>
```

@staticmethod 在这里的意义是，无须创建 StandardPolicy 或 EvilPolicy 的实例。这些类的主要目的是组织一组方法，而不是存储与 Account 相关的附加实例数据。不过，Python 的松耦合特性当然允许对策略进行升级，以保存它自己的数据。将静态方法更改为像下面这样的普通实例方法：

```python
class EvilPolicy(StandardPolicy):
    def __init__(self, deposit_factor, inquiry_factor):
        self.deposit_factor = deposit_factor
        self.inquiry_factor = inquiry_factor

    def deposit(self, account, amount):
        account.balance += self.deposit_factor * amount

    def inquiry(self, account):
        if random.randint(0,4) == 1:
            return self.inquiry_factor * account.balance
```

```
        else:
            return account.balance
```

```
# 使用样例
a = Account('Guido', 1000.0, policy=EvilPolicy(0.95, 1.10))
```

这种将方法委托给支持类的方式是状态机和相似对象的常见实现策略。每个操作状态都可以被封装到自己的方法类中（通常是静态的）。然后，可以使用可变实例变量（如本例中的 policy 特性）来保存与当前操作状态相关的特定于实现的细节。

7.14　略谈设计模式

在编写面向对象程序的时候，程序员有时会专注于实现指定的设计模式——例如，"策略模式""享元模式""单例模式"等。这些都源于 Erich Gamma、Richard Helm、Ralph Johnson 和 John Vlissides 的名著《设计模式》。

如果程序员熟悉这些模式，那么在其他语言中使用的一般设计原则当然也可以应用于 Python。然而，在这些总结出的模式中，许多模式是用来解决 C++或 Java 的严格静态类型系统引发的特定问题的。Python 的动态特性使得其中的许多模式显得过时、多余或根本没有必要。

也就是说，编写良好的软件有一些总体原则，如尽量编写可调试、可测试和可扩展的代码。一些基本策略，比如使用有益的 __repr__() 方法编写类、组合优于继承，以及拥抱依赖注入，对编写良好代码有很大帮助。Python 程序员也喜欢实践 Pythonic 风格的代码。通常，这意味着对象遵循各种内置协议，比如迭代、容器或上下文管理。例如，Python 程序员可能不会尝试实现 Java 编程图书中描述的一些独特的数据遍历模式，而是用生成器函数来实现并供 for 循环使用，或者只是用一些字典查找来取代 Java 的模式。

7.15　数据封装和私有特性

在 Python 中，类的所有特性和方法都是公有（public）的，亦即可以不受任何限制地访问。在应该隐藏或封装内部实现细节的面向对象应用程序中，这通常是不可取的。

为了解决这个问题，Python 采用命名约定的手段，以提示使用用途。一个约定是，以单下画线（_）开头的名称代表内部实现。例如，这是又一个版本的 Account 类，其中 balance 已经转换为"私有"特性：

```
class Account:
```

```
    def __init__(self, owner, balance):
        self.owner = owner
        self._balance = balance

    def __repr__(self):
        return f'Account({self.owner!r}, {self._balance!r})'

    def deposit(self, amount):
        self._balance += amount

    def withdraw(self, amount):
        self._balance -= amount

    def inquiry(self):
        return self._balance
```

在这段代码中，_balance 特性是一个内部细节。尽管无法阻止用户直接访问它，但是前面的下画线是一个强烈的提示，表明用户应该寻求一个更加公开的接口，比如 Account.inquiry() 方法。

不确定的问题是，内部特性是否可以在子类中使用。例如，是否允许前面的继承示例直接访问父节点的_balance 特性？

```
class EvilAccount(Account):
    def inquiry(self):
        if random.randint(0,4) == 1:
            return 1.10 * self._balance
        else:
            return self._balance
```

一般来说，这在 Python 中是可以接受的。IDE 和其他工具可能会暴露这些特性。如果你用过 C++、Java 或其他类似的面向对象语言，请将_balance 看作类似于 "protected" 的特性。

如果你希望有一个更私有的特性，可以在名称前加上两个前导下画线（__）。所有像 __name 这样的名称都会自动重命名为_Classname__name 形式的新名称。这确保了超类中使用的私有名称不会被子类中的相同名称覆盖。下面的例子说明了这种行为：

```
class A:
    def __init__(self):
        self.__x = 3      # 魔改为 self._A__x

    def __spam(self):     # 魔改为_A__spam()
        print('A.__spam', self.__x)
```

```
    def bar(self):
        self.__spam()    # 仅调用 A.__spam()

class B(A):
    def __init__(self):
        A.__init__(self)
        self.__x = 37    # 魔改为 self._B__x

    def __spam(self):    # 魔改为 _B__spam()
        print('B.__spam', self.__x)

    def grok(self):
        self.__spam()    # 调用 B.__spam()
```

在本例中，对__x 特性有两个不同的赋值。此外，类 B 似乎在尝试通过继承重写__spam()方法。但事实并非如此。名称被魔改后将导致每个定义使用唯一的名称。试一下这个示例：

```
>>> b = B()
>>> b.bar()
A.__spam 3
>>> b.grok()
B.__spam 37
>>>
```

如果查看底层的实例变量，可以更直接地看到魔改的名称：

```
>>> vars(b)
{ '_A__x': 3, '_B__x': 37 }
>>> b._A__spam()
A.__spam 3
>>> b._B__spam
B.__spam 37
>>>
```

这个方案提供了数据隐蔽的假象，然而没有适当的机制来阻止对类的"私有"特性的访问。特别是，如果类的名称和相应的私有特性是已知的，仍然可以使用魔改后的名称访问它们。如果对私有特性的访问仍然是一个问题，则也许应该考虑采取更痛苦的代码审查过程。

乍一看，魔改名称看起来像一个额外的处理步骤。然而，魔改过程实际上只在定义类时发生一次。它不会在方法执行期间发生，也不会给程序执行增加额外的开销。请注意，在诸如 getattr()、hasattr()、setattr()或 delattr()等函数中，特性名被指定为字符串，这时不会发生名称魔改。对于这些函数，需要显式使用魔改的名称，比如通过'_Classname__name'来访问特性。

在实践中，最好不要过度考虑名称的隐蔽性。单下画线的名称很常见；双下画线的名称就不那么重要了。尽管可以采取进一步的步骤来尝试并真正隐蔽特性，但是额外的努力和增加的复杂性抵消了所获得的好处。也许最有用的事情是记住：如果在一个名称上看到前导下画线，那么它几乎肯定是某种"切勿打扰"的内部细节。

7.16　类型提示

用户定义类中的特性在类型或值方面没有约束。事实上，可以将特性设置为我们想要的任何东西。例如：

```
>>> a = Account('Guido', 1000.0)
>>> a.owner
'Guido'
>>> a.owner = 37
>>> a.owner
37
>>> b = Account('Eva', 'a lot')
>>> b.deposit(' more')
>>> b.inquiry()
'a lot more'
>>>
```

如果这成为一个实际问题，有几个可能的解决方案。其中一个解决方案很简单——不要那么做！另一个解决方案是依靠外部工具，如 linter 和类型检查器。为此，类允许为选定的特性指定可选的类型提示。例如：

```
class Account:
    owner: str        # 类型提示
    _balance: float   # 类型提示

    def __init__(self, owner, balance):
        self.owner = owner
        self._balance = balance
    ...
```

包含类型提示不会改变类的实际运行时行为——也就是说，不会进行额外的检查，也不会阻止用户在代码中设置错误的值。但是，提示可以在编辑器中为用户提供更多有用的信息，从而防止发生使用上的粗心错误。

在实践中，进行准确的类型提示可能是困难的。例如，`Account` 类是否允许使用 `int` 而不是 `float`？`Decimal` 呢？我们将发现所有这些都是可以的，即使提示似乎是相反的。

```
from decimal import Decimal

a = Account('Guido', Decimal('1000.0'))
a.withdraw(Decimal('50.0'))
print(a.inquiry())    # -> 950.0
```

这种情况下如何正确地组织类型超出了本书的讲解范畴。当你有疑问时，最好不要轻易下结论，而是应该积极考虑使用代码类型检查工具。

7.17 属性

如前面所述，Python 对特性值或类型没有运行时限制。但是，如果将特性（attribute）置于所谓的属性（property）的管理之下，则可以实现这种强制。属性是一种特殊的特性，它拦截特性访问并通过用户定义的方法处理特性。这些方法可以完全自由地管理它们认为合适的特性。这里有一个例子：

```
import string

class Account:
    def __init__(self, owner, balance):
        self._owner = owner
        self._balance = balance

    @property
    def owner(self):
        return self._owner

    @owner.setter
    def owner(self, value):
        if not isinstance(value, str):
            raise TypeError('Expected str')
        if not all(c in string.ascii_uppercase for c in value):
            raise ValueError('Must be uppercase ASCII')
        if len(value) > 10:
            raise ValueError('Must be 10 characters or less')
        self._owner = value
```

在这儿，`owner` 特性被限制为一个非常具有企业应用风格的不超过 10 个大写 ASCII

字符的字符串。下面的示例演示了该类的工作方式：

```
>>> a = Account('GUIDO', 1000.0)
>>> a.owner = 'EVA'
>>> a.owner = 42
Traceback (most recent call last):
...
TypeError: Expected str
>>> a.owner = 'Carol'
Traceback (most recent call last):
...
ValueError: Must be uppercase ASCII
>>> a.owner = 'RENÉE'
Traceback (most recent call last):
...
ValueError: Must be uppercase ASCII
>>> a.owner = 'RAMAKRISHNAN'
Traceback (most recent call last):
...
ValueError: Must be 10 characters or less
>>>
```

@property 装饰器用于将特性建立为属性。在本例中，该装饰器作用于 owner 特性。该装饰器总是首先应用于一个获取特性值的方法。在本例中，该方法返回存储在私有特性_owner 中的实际值。随后的@owner.setter 装饰器是可选的，作用于设置特性值的实现方法。该方法可以在将值存储到私有特性_owner 之前，执行各种的类型和值检查。

属性的一个关键特点在于，关联的名称（比如示例中的 owner）变得"魔幻"。也就是说，对该特性的任何使用都会自动地经由我们实现的 getter/setter 方法。我们不必更改任何已有代码，即可拥有该功能。例如，无须对 Account.__init__()方法进行任何更改。这可能会让人感到惊讶，因为是__init__()通过 self.owner = owner 实现赋值，而不是使用私有特性 self._owner。这是设计的结果，owner 属性的整个目的就是验证特性值。在创建实例时，我们肯定希望结果符合预期设计，也会发现它完全按照预期工作：

```
>>> a = Account('Guido', 1000.0)
Traceback (most recent call last):
  File "account.py", line 5, in __init__
    self.owner = owner
  File "account.py", line 15, in owner
    raise ValueError('Must be uppercase ASCII')
ValueError: Must be uppercase ASCII
>>>
```

　　由于每次对特性的访问都会自动调用一个方法，因此需要将实际值存储在不同的名称下。这就是在 getter 和 setter 方法中使用**_owner** 的原因。不能使用 **owner** 作为存储位置，因为这样会导致无限递归。

　　通常，属性允许截取任何特定的特性名称。我们可以实现获取、设置或删除特性值的方法。例如：

```python
class SomeClass:
    @property
    def attr(self):
        print('Getting')

    @attr.setter
    def attr(self, value):
        print('Setting', value)

    @attr.deleter
    def attr(self):
        print('Deleting')

# 样例
s = SomeClass()
s.attr              # 获取
s.attr = 13         # 设置
del s.attr          # 删除
```

　　没有必要实现属性的所有部分。事实上，通常使用属性来实现只读的计算数据特性。例如：

```python
class Box(object):
    def __init__(self, width, height):
        self.width = width
        self.height = height

    @property
    def area(self):
        return self.width * self.height

    @property
    def perimeter(self):
        return 2*self.width + 2*self.height

# 使用样例
b = Box(4, 5)
```

```
print(b.area)           # -> 20
print(b.perimeter)      # -> 18
b.area = 5              # 错误：无法设置特性
```

定义类时要考虑的一件事是，使该类的编程接口尽可能统一。如果没有属性，一些值将被作为简单的特性（如 b.width 或 b.height）访问，而其他值将被作为方法（如 b.area() 和 b.perimeter()）访问。跟踪何时添加额外的()会造成不必要的混乱。属性可以帮助解决这个问题。

Python 程序员通常没有意识到方法本身是作为一种属性隐式处理的。考虑这个类：

```
class SomeClass:
    def yow(self):
        print('Yow!')
```

当用户创建一个实例，比如 s = SomeClass()，然后访问 s.yow 时，原始函数对象 yow 不会返回。相反，此时会得到一个像下面这样的 bound 方法：

```
>>> s = SomeClass()
>>> s.yow
<bound method SomeClass.yow of <__main__.SomeClass object at 0x10e2572b0>>
>>>
```

怎么回事？事实证明，当函数被放到类中时，它们的行为很像属性。具体来说，函数神奇地拦截属性访问，并在幕后创建绑定方法。当使用@staticmethod 和 @classmethod 定义静态方法和类方法时，我们实际上是在改变这个过程。 @staticmethod 将方法函数"原样"返回，不做任何特殊的包装或处理。关于这个过程的更多信息将在后面的 7.28 节介绍。

7.18 类型、接口和抽象基类

当创建一个类实例时，该实例的类型就是类本身。要测试类身份，可以使用内置函数 isinstance(obj, cls)。如果对象 obj 属于 cls 类或任何 cls 的派生类，则该函数返回 True。例如：

```
class A:
    pass


class B(A):
    pass
```

```
class C:
    pass

a = A()                    # 'A'的实例
b = B()                    # 'B'的实例
c = C()                    # 'C'的实例

type(a)                    # 返回类对象 A
isinstance(a, A)           # 返回 True
isinstance(b, A)           # 返回 True, B 派生自 A
isinstance(b, C)           # 返回 False, B 未派生自 C
```

类似地，如果类 B 是类 A 的子类，则内置函数 issubclass(B, A)返回 True：

```
issubclass(B, A)           # 返回 True
issubclass(C, A)           # 返回 False
```

类的类型关系的一个常见用途是作为编程接口规范。例如，可以实现顶级基类来具体说明编程接口的需求。借助 isinstance()可以把基类用于类型提示或防御类型强制执行：

```
class Stream:
    def receive(self):
        raise NotImplementedError()

    def send(self, msg):
        raise NotImplementedError()

    def close(self):
        raise NotImplementedError()

# 样例
def send_request(stream, request):
    if not isinstance(stream, Stream):
        raise TypeError('Expected a Stream')
    stream.send(request)
    return stream.receive()
```

这类代码的预期不是直接使用 Stream。相反，各个类将继承 Stream 并实现所需功能。用户将实例化其中一个类。例如：

```
class SocketStream(Stream):
    def receive(self):
        ...
```

```
    def send(self, msg):
        ...

    def close(self):
        ...

class PipeStream(Stream):
    def receive(self):
        ...

    def send(self, msg):
        ...

    def close(self):
        ...

# 样例
s = SocketStream()
send_request(s, request)
```

本例中值得讨论的是 send_request()中接口的运行时强制。如果使用类型提示呢？

```
# 将接口指定为类型提示
def send_request(stream:Stream, request):
    stream.send(request)
    return stream.receive()
```

类型提示不是强制执行的，实参是否匹配接口的验证方式，实际上取决于我们希望验证什么时候发生——是在运行时？还是作为代码检查的步骤？或者根本就不进行验证？

这种接口类的用法在大型框架和应用程序的组织中更为常见。然而，使用这种方法，需要确保子类实现了所需接口。例如，如果一个子类选择不实现所需的方法之一，或者有一个简单的拼写错误，那么刚开始我们可能不会注意到其有何影响，因为代码在通常情况下仍然可以工作。但是，后面一旦调用了未实现的方法，程序将崩溃。当然，这只会发生在凌晨三点半的生产环境中。

为了防止这个问题，通常使用 abc 模块将接口定义为抽象基类（abstract base class）。这个模块定义了一个基类（ABC）以及一个装饰器（@abstractmethod），用于描述接口。下面是一个例子：

```
from abc import ABC, abstractmethod
```

```
class Stream(ABC):
    @abstractmethod
    def receive(self):
        pass

    @abstractmethod
    def send(self, msg):
        pass

    @abstractmethod
    def close(self):
        pass
```

抽象类意味着不能直接实例化。事实上，如果想创建一个 Stream 实例，会得到一个错误：

```
>>> s = Stream()
Traceback (most recent call last):
  File "<stdin>", line 1, in <module>
TypeError: Can't instantiate abstract class Stream with abstract methods close,
receive, send
>>>
```

错误消息明确告诉了我们 Stream 需要实现的方法。这些提示可以作为编写子类的指南。假设我们编写了一个子类，但是犯了一个错误：

```
class SocketStream(Stream):
    def read(self): # 错误的名称
        ...

    def send(self, msg):
        ...

    def close(self):
        ...
```

抽象基类将在实例化时捕获到错误。这是有用的，因为错误会在早期被捕获。

```
>>> s = SocketStream()
Traceback (most recent call last):
  File "<stdin>", line 1, in <module>
TypeError: Can't instantiate abstract class SocketStream with abstract methods receive
>>>
```

虽然抽象类不能实例化，但它可以定义用于子类的方法和属性。此外，基类中的抽象方法仍然可以从子类调用。例如，允许从子类调用 super().receive()。

7.19　多重继承、接口和 mixin

　　Python 支持多重继承。如果一个子类列出了多个父类，那么这个子类继承父类的所有特性。例如：

```
class Duck:
    def walk(self):
        print('Waddle')

class Trombonist:
    def noise(self):
        print('Blat!')

class DuckBonist(Duck, Trombonist):
    pass


d = DuckBonist()
d.walk()     # -> Waddle
d.noise()    # -> Blat!
```

　　从概念上讲，这是一个很好的想法，但随后的实际影响就开始出现了。例如，如果 Duck 和 Trombonist 各自定义了一个 __init__()方法，会发生什么？或者，它们都定义了一个 noise()方法呢？突然，我们开始意识到多重继承是充满危险的。

　　为了更好地理解多重继承的实际用法，请退一步，将其视为用于代码组织和代码重用的高度专业化的工具——而非一般的编程技术。具体来讲，收集任意的不相关类，通过多重继承将它们结合在一起来创建古怪的类，这不是标准做法。永远不要那样做。

　　多重继承更常见的用法是组织类型和接口关系。例如，7.18 节介绍了抽象基类的概念。抽象基类的目的是指定编程接口。例如，可能有各种像下面这样的抽象类：

```
from abc import ABC, abstractmethod

class Stream(ABC):
    @abstractmethod
    def receive(self):
        pass

    @abstractmethod
    def send(self, msg):
```

```
            pass

        @abstractmethod
        def close(self):
            pass

class Iterable(ABC):
    @abstractmethod
    def __iter__(self):
        pass
```

有了这些类之后，可以使用多重继承来指定子类实现了哪些接口：

```
class MessageStream(Stream, Iterable):
    def receive(self):
        ...

    def send(self):
        ...

    def close(self):
        ...

    def __iter__(self):
        ...
```

同样，多重继承的使用与实现无关，而与类型有关。例如，在这个示例中，没有继承方法在执行任何操作，没有代码重用。继承关系主要用于执行这样的类型检查：

```
m = MessageStream()
isinstance(m, Stream)      # -> True
isinstance(m, Iterable)    # -> True
```

多重继承的另一个用途是定义 mixin 类（mixin class）。mixin 类是一个修改或扩展其他类功能的类。考虑下面的类定义：

```
class Duck:
    def noise(self):
        return 'Quack'

    def waddle(self):
        return 'Waddle'

class Trombonist:
    def noise(self):
        return 'Blat!'
```

```
    def march(self):
        return 'Clomp'

class Cyclist:
    def noise(self):
        return 'On your left!'

    def pedal(self):
        return 'Pedaling'
```

这些类彼此完全不相关。它们没有继承关系，并实现了一些不同的方法。然而，它们有一个共同之处，那就是都定义了一个 noise()方法。以此为指导，你可以定义以下类：

```
class LoudMixin:
    def noise(self):
        return super().noise().upper()

class AnnoyingMixin:
    def noise(self):
        return 3 * super().noise()
```

乍一看，这些类似乎是错误的。它们只有一个单独的方法，并使用 super()委托给一个不存在的父类。这些类甚至都不起作用：

```
>>> a = AnnoyingMixin()
>>> a.noise()
Traceback (most recent call last):
...
AttributeError: 'super' object has no attribute 'noise'
>>>
```

这些类就是 mixin 类。它们唯一的工作方式就是与实现了缺失功能的其他类结合。例如：

```
class LoudDuck(LoudMixin, Duck):
    pass

class AnnoyingTrombonist(AnnoyingMixin, Trombonist):
    pass

class AnnoyingLoudCyclist(AnnoyingMixin, LoudMixin, Cyclist):
    pass
```

```
d = LoudDuck()
d.noise() # -> 'QUACK'

t = AnnoyingTrombonist()
t.noise()    # -> 'Blat!Blat!Blat!'

c = AnnoyingLoudCyclist()
c.noise()    # -> 'ON YOUR LEFT!ON YOUR LEFT!ON YOUR LEFT!'
```

　　由于 mixin 类的定义方式与普通类相同，因此最好在类名中包含单词"Mixin"。这种命名约定提供了更清晰的目的。

　　要完全理解 mixin，需要更多地了解继承和 super() 函数的工作原理。

　　首先，无论何时使用继承，Python 都会构建一个被称为*方法解析顺序*（Method Resolution Order，MRO）的线性类链。这个链结构可以通过类的 __mro__ 属性获得。这里有一些单继承的例子：

```
class Base:
    pass

class A(Base):
    pass

class B(A):
    pass

Base.__mro__    # -> (<class 'Base'>, <class 'object'>)
A.__mro__       # -> (<class 'A'>, <class 'Base'>, <class 'object'>)
B.__mro__       # -> (<class 'B'>, <class 'A'>, <class 'Base'>, <class 'object'>)
```

　　MRO 指定属性查找的搜索顺序。具体来说，当搜索实例或类上的属性时，将按照列出的顺序检查 MRO 上的每个类。当第一个匹配完成时，搜索就停止了。object 类在 MRO 中列出，是因为所有类都从 object 继承（无论 object 是否被作为父类列出）。[①]

　　为了支持多重继承，Python 实现了所谓的"协作式多重继承"。使用协作继承，所有的类都根据两个主要的顺序规则放在 MRO 列表中。第一条规则规定，子类必须总是在它的任何父类之前检查。第二条规则规定，如果一个类有多个父类，则必须按照这些父类在子类的继承列表中写入的顺序检查这些父类。在大多数情况下，这些规则产生了一个有意义的 MRO。然而，对类进行精确排序的算法实际上非常复杂，并且不是基于任何诸如深度优先或广度优先搜索这样的简单方法。相反，排序是根据 C3 线性化算法确定的，

---

① 例如，class Base(object)。——译者注

该算法在"A Monotonic Superclass Linearization for Dylan"论文（K. Barrett 等人所著，在 1996 年的 OOPSLA 会议上发表）中有具体介绍。这个算法的一个微妙之处是，某个类的层次结构将被 Python 拒绝，并抛出 TypeError。这里有一个例子：

```
class X: pass
class Y(X): pass
class Z(X, Y): pass    # TypeError
                       # 无法创建一致的 MRO
```

在这种情况下，方法解析算法拒绝类 Z，因为它不能确定有意义的基类顺序。在 Z 的代码处，类 X 在继承列表中出现于类 Y 之前，因此必须首先检查 X。但是，类 Y 继承自 X，所以如果先检查 X，就违反了先检查子类的规则。在实践中，这些问题很少出现——如果出现，通常表明存在严重的设计问题。

作为 MRO 在实践中的一个例子，这是前面展示的 AnnoyingLoudCyclist 类的 MRO：

```
class AnnoyingLoudCyclist(AnnoyingMixin, LoudMixin, Cyclist):
    pass

AnnoyingLoudCyclist.__mro__
# (<class 'AnnoyingLoudCyclist'>, <class 'AnnoyingMixin'>,
# <class 'LoudMixin'>, <class 'Cyclist'>, <class 'object'>)
```

在这个 MRO 中，我们可以看到两条规则是如何满足的。具体来说，任何子类总是列在它的父类之前。object 类最后列出，因为它是所有其他类的父类。多个父类按它们在代码中出现的顺序排列。

super()函数的行为与底层 MRO 绑定在一起。具体来说，它的角色是将属性委托给 MRO 中的下一个类。委托方式取决于使用 super()的类。例如，当 AnnoyingMixin 类使用 super()时，AnnoyingMixin 类会查看实例的 MRO 来找到 AnnoyingMixin 类自己的位置。然后，AnnoyingMixin 类将属性查找委托给下一个类。在这个例子中，在 AnnoyingMixin 类中使用 super().noise()会调用 LoudMixin.noise()。这是因为 LoudMixin 是 AnnoyingLoudCyclist 的 MRO 中列出的下一个类。然后，LoudMixin 类中的 super().noise()操作委托给了 Cyclist 类。不管如何使用 super()，下一个类的选择都取决于实例的类型。例如，如果你创建了一个 AnnoyingTrombonist 的实例，那么 super().noise()将会调用 Trombonist.noise()。

设计协作式多重继承和 mixin 是一个挑战。以下是一些设计指南。

首先，在 MRO 中，总是在所有基类之前检查子类。因此，一个很普遍的做法如下：

各个 mixin 类共享一个共同的父类，而这个父类提供一个空的方法实现。如果同时使用多个mixin 类，多个 mixin 类会依次排列。公共父类出现在最后，它可以提供缺省实现或错误检查。例如：

```
class NoiseMixin:
    def noise(self):
        raise NotImplementedError('noise() not implemented')

class LoudMixin(NoiseMixin):
    def noise(self):
        return super().noise().upper()

class AnnoyingMixin(NoiseMixin):
    def noise(self):
        return 3 * super().noise()
```

其次，mixin 方法的所有实现都应该具有相同的函数签名。mixin 的一个问题是，它们是可选的，经常以不可预知的顺序混合在一起。要使其工作，必须保证涉及 super() 的操作会成功（无论接下来出现什么类）。为此，调用链中的所有方法都需要具有兼容的调用签名。

最后，需要确保在任何地方都使用 super()。有时可能会遇到一个直接调用父类的类：

```
class Base:
    def yow(self):
        print('Base.yow')

class A(Base):
    def yow(self):
        print('A.yow')
        Base.yow(self)      # 直接调用父类

class B(Base):
    def yow(self):
        print('B.yow')
        super().yow(self)

class C(A, B):
    pass


c = C()
c.yow()
# Outputs:
```

```
#    A.yow
#    Base.yow
```

这种与多重继承一起使用的类是不安全的。这样做会破坏正确的方法调用链，并导致混乱。例如，在上面的例子中，**B.yow()** 从来没有显示任何输出，即使它是继承层次结构中的一部分。如果你正在使用多重继承，应该使用 **super()** 而不是直接调用超类中的方法。

7.20　基于类型的分派

有时需要编写基于特定类型的分派代码。例如：

```
if isinstance(obj, Duck):
    handle_duck(obj)
elif isinstance(obj, Trombonist):
    handle_trombonist(obj)
elif isinstance(obj, Cyclist):
    handle_cyclist(obj)
else:
    raise RuntimeError('Unknown object')
```

这么大的 **if-elif-else** 块既不美观，又脆弱。一种常用的解决方案是通过字典分派：

```
handlers = {
    Duck: handle_duck,
    Trombonist: handle_trombonist,
    Cyclist: handle_cyclist
}
```

```
# 分派
def dispatch(obj):
    func = handlers.get(type(obj))
    if func:
        return func(obj)
    else:
        raise RuntimeError(f'No handler for {obj}')
```

这种解决方案假定类型完全匹配。如果在这样的分派中也支持继承，则需要遍历 MRO：

```
def dispatch(obj):
    for ty in type(obj).__mro__:
```

```
            func = handlers.get(ty)
            if func:
                return func(obj)
        raise RuntimeError(f'No handler for {obj}')
```

有时候，分派是通过基于类的接口并结合使用 **getattr()** 来实现的：

```
class Dispatcher:
    def handle(self, obj):
        for ty in type(obj).__mro__:
            meth = getattr(self, f'handle_{ty.__name__}', None)
            if meth:
                return meth(obj)
        raise RuntimeError(f'No handler for {obj}')

    def handle_Duck(self, obj):
        ...

    def handle_Trombonist(self, obj):
        ...

    def handle_Cyclist(self, obj):
        ...

# 样例
dispatcher = Dispatcher()
dispatcher.handle(Duck())       # -> handle_Duck()
dispatcher.handle(Cyclist())    # -> handle_Cyclist()
```

这个使用 **getattr()** 分派到类方法的最后示例，展示了一种相当常见的编程模式。

7.21 类装饰器

有时，你希望在定义完类之后执行额外的处理步骤——例如，将类添加到注册表，或者生成额外的支持代码。一种解决方案是使用类装饰器。类装饰器是一个函数，它接受一个类作为输入，并返回一个类作为输出。例如，下面介绍如何维护注册表：

```
_registry = { }
def register_decoder(cls):
    for mt in cls.mimetypes:
        _registry[mt.mimetype] = cls
    return cls
```

```
# 使用注册表的工厂函数
def create_decoder(mimetype):
    return _registry[mimetype]()
```

在这个例子中，register_decoder()函数在类内部查找 mimetypes 属性。如果找到，该函数就将类添加到一个字典中，这个字典用于将 MIME 类型映射到类对象。要使用该函数，需要将它作为装饰器应用在类定义之前：

```
@register_decoder
class TextDecoder:
    mimetypes = [ 'text/plain' ]

    def decode(self, data):
        ...


@register_decoder
class HTMLDecoder:
    mimetypes = [ 'text/html' ]

    def decode(self, data):
        ...


@register_decoder
class ImageDecoder:
    mimetypes = [ 'image/png', 'image/jpg', 'image/gif' ]

    def decode(self, data):
        ...


# 使用样例
decoder = create_decoder('image/jpg')
```

类装饰器可以自由地修改所给类的内容，甚至可以重写现有方法。这是 mixin 类或多重继承的常见替代方法。举个例子，考虑以下装饰器：

```
def loud(cls):
    orig_noise = cls.noise

    def noise(self):
        return orig_noise(self).upper()

    cls.noise = noise
    return cls


def annoying(cls):
```

```
        orig_noise = cls.noise

        def noise(self):
            return 3 * orig_noise(self)

        cls.noise = noise
        return cls

@annoying
@loud
class Cyclist(object):
    def noise(self):
        return 'On your left!'

    def pedal(self):
        return 'Pedaling'
```

这个示例产生的结果与本章前面的 mixin 示例相同。但是，这里没有多重继承，也没有使用 super()。在每个装饰器中，对 **cls.noise** 的查找过程执行了与 super() 相同的操作。但是，由于查找过程只在应用装饰器时发生一次（类在定义时），因此对 **noise()** 的调用将运行得更快一些。

类装饰器也可以用来创建全新的代码。例如，编写类时的一个常见任务是编写一个有用的__repr__()方法，以改进调试：

```
class Point:
    def __init__(self, x, y):
        self.x = x
        self.y = y

    def __repr__(self):
        return f'{type(self).__name__}({self.x!r}, {self.y!r})'
```

编写这样的方法通常很烦人。也许类装饰器可以为我们创建方法？

```
import inspect

def with_repr(cls):
    args = list(inspect.signature(cls).parameters)
    argvals = ', '.join('{self.%s!r}' % arg for arg in args)
    code = 'def __repr__(self):\n'
    code += f'  return f"{cls.__name__}({argvals})"\n'
    locs = { }
    exec(code, locs)
    cls.__repr__ = locs['__repr__']
```

```
    return cls
```

```
# 样例
@with_repr
class Point:
    def __init__(self, x, y):
        self.x = x
        self.y = y
```

在这个例子中，**__repr__()**方法是通过**__init__()**方法的调用签名生成的。**__repr__()**方法创建为一个文本字符串，通过把字符串传递给 exec() 来创建一个函数，然后把这个函数附加到类上。

标准库的某些部分也使用了类似的代码生成技术。例如，定义数据结构的一种便捷方法是使用 dataclass：

```
from dataclasses import dataclass
```

```
@dataclass
class Point:
    x: int
    y: int
```

数据类会根据类的类型提示自动创建**__init__()**和**__repr__()**等方法。方法是通过 exec() 创建的，与前面的示例类似。这是生成的 Point 类的工作方式：

```
>>> p = Point(2, 3)
>>> p
Point(x=2, y=3)
>>>
```

这种方法的一个缺点是启动性能不太好。使用 exec() 动态创建代码会绕过 Python 通常应用于模块的编译优化。因此，以这种方式定义大量的类可能会大大降低代码的导入速度。

本节展示的示例演示了类装饰器的常用用法——注册、代码重写、代码生成、验证等等。类装饰器的一个问题是，它们必须显式地应用于使用它们的每个类。这并不总是我们想要的。7.22 节描述允许隐式操作类的特性。

7.22　有监督的继承

正如前面所述，有时我们希望定义一个类并执行额外动作。类装饰器就是处理这种

场景的一种机制。然而，父类也可以代表它的子类执行额外操作。这是通过实现
__init_subclass__(cls)类方法来完成的。例如：

```
class Base:
@classmethod
    def __init_subclass__(cls):
        print('Initializing', cls)

# 样例（每个类都应该能看到"Initializing"消息）
class A(Base):
    pass

class B(A):
    pass
```

如果存在__init_subclass__()方法，它会在定义任何子类时自动触发。即使子类
深埋在继承层次中，也会发生这种情况。

通常用类装饰器执行的许多任务也可以通过执行__init_subclass__()来替代。例
如类注册：

```
class DecoderBase:
    _registry = { }

    @classmethod
    def __init_subclass__(cls):
        for mt in cls.mimetypes:
            DecoderBase._registry[mt.mimetype] = cls

# 使用注册表的工厂函数
def create_decoder(mimetype):
    return DecoderBase._registry[mimetype]()

class TextDecoder(DecoderBase):
    mimetypes = [ 'text/plain' ]

    def decode(self, data):
        ...

class HTMLDecoder(DecoderBase):
    mimetypes = [ 'text/html' ]

    def decode(self, data):
        ...
```

```
class ImageDecoder(DecoderBase):
    mimetypes = [ 'image/png', 'image/jpg', 'image/gif' ]

    def decode(self, data):
        ...

# 使用样例
decoder = create_decoder('image/jpg')
```

下面是一个通过类的**__init__()**方法签名自动创建**__repr__()**方法的类示例：

```
import inspect

class Base:
    @classmethod
    def __init_subclass__(cls):
        # 创建一个__repr__方法
        args = list(inspect.signature(cls).parameters)
        argvals = ', '.join('{self.%s!r}' % arg for arg in args)
        code = 'def __repr__(self):\n'
        code += f' return f"{cls.__name__}({argvals})"\n'
        locs = { }
        exec(code, locs)
        cls.__repr__ = locs['__repr__']

class Point(Base):
    def __init__(self, x, y):
        self.x = x
        self.y = y
```

如果使用了多重继承，则应该使用 super()来确保所有实现了**__init_subclass__()**
的类都被调用。例如：

```
class A:
    @classmethod
    def __init_subclass__(cls):
        print('A.init_subclass')
        super().__init_subclass__()

class B:
    @classmethod
    def __init_subclass__(cls):
        print('B.init_subclass')
        super().__init_subclass__()

# 应该在这里能看到来自两个类的输出
```

```
class C(A, B):
    pass
```

使用__init_subclass__()的有监督继承是 Python 最强大的自定义特性之一。__init_subclass__()的能量很大程度上来自它的隐式本质。顶级基类可以使用它来悄无声息地监督整个子类层次结构。这种监督可以注册类、重写方法、执行验证等等。

7.23　对象生命周期与内存管理

在定义类时，生成的类是用于创建新实例的工厂。例如：

```
class Account:
    def __init__(self, owner, balance):
        self.owner = owner
        self.balance = balance

# 创建一些 Account 实例
a = Account('Guido', 1000.0)
b = Account('Eva', 25.0)
```

实例的创建分两步执行，使用特殊方法__new__()创建一个新实例，并使用__init__()初始化实例。例如，a = Account('Guido'，1000.0)操作执行这些步骤：

```
a = Account.__new__(Account, 'Guido', 1000.0)
if isinstance(a, Account):
    Account.__init__('Guido', 1000.0)
```

除第一个参数是类而不是实例外，__new__()通常接收与__init__()相同的参数。然而，__new__()的缺省实现会忽略这些相同的参数。我们有时会看到__new__()只使用一个参数被调用。例如，这段代码也可以工作：

```
a = Account.__new__(Account)
    Account.__init__('Guido', 1000.0)
```

直接使用__new__()方法并不常见，但有时用它来创建实例，同时绕过对__init__()方法的调用。这种用法的使用场景之一是，用在类方法中。例如：

```
import time

class Date:
    def __init__(self, year, month, day):
        self.year = year
        self.month = month
```

```
        self.day = day

    @classmethod
    def today(cls):
        t = time.localtime()
        self = cls.__new__(cls)     # 创建实例
        self.year = t.tm_year
        self.month = t.tm_month
        self.day = t.tm_day
        return self
```

　　如 `pickle` 这个执行对象序列化的模块也利用`__new__()`在反序列化对象时重新创建实例。这会在没有调用`__init__()`的情况下完成工作。

　　有时候，如果一个类想要改变实例创建的某些部分，这个类就会定义`__new__()`。典型的应用程序包括实例缓存、单例和不变性。例如，我们可能希望 Date 类执行日期驻留——即缓存和重用具有相同年月日的 Date 实例。这是一种可能的实现方法：[①]

```
class Date:
    _cache = { }

    @staticmethod
    def __new__(cls, year, month, day):
        self = Date._cache.get((year, month, day))
        if not self:
            self = super().__new__(cls)
            self.year = year
            self.month = month
            self.day = day
            Date._cache[year,month,day] = self
        return self

    def __init__(self, year, month, day):
        pass
```

```
# 样例
d = Date(2012, 12, 21)
e = Date(2012, 12, 21)
```

---

① 7.13 节开头讲到“与普通方法或类方法不同，静态方法不需要额外的 self 或 cls 参数”。但在这个例子中，`__new__()`确实是一个静态方法，同时第一个参数是 cls。具体内容可参见 Python 的官方文档说明（参见网址链接 4）：`__new__()`是一个静态方法（特例，因此无须显式声明`@staticmethod`），它将请求实例的类作为其第一个参数。此外，也就是说，本例的`@staticmethod`可以不要。——译者注

```
assert d is e    # 同一个对象
```

在这个例子中，类持有一个保存已创建 Date 实例的内部字典。在创建新 Date 时，首先查询缓存。如果找到匹配，则返回该实例。否则，将创建并初始化一个新实例。

这个解决方案的一个微妙细节是空的 __init__() 方法。即使缓存了实例，对 Date() 的每次调用仍然会调用 __init__()。为了避免重复工作，该方法什么也不做——实例的创建实际上是在 __new__()，且实例首次创建时发生的。

有一些方法可以避免对 __init__() 的多余调用，但这需要一些技巧。一种规避方法是让 __new__() 返回一个完全不同的类型实例——例如，一个属于其他类的实例。另一种解决方案（稍后将描述）是使用元类。

实例一旦创建，则 Python 通过引用计数来管理实例。如果引用计数达到零，则立即销毁实例。当要销毁实例时，解释器首先查找与该对象关联的 __del__() 方法并调用它。例如：

```python
class Account(object):
    def __init__(self, owner, balance):
        self.owner = owner
        self.balance = balance

    def __del__(self):
        print('Deleting Account')

>>> a = Account('Guido', 1000.0)
>>> del a
Deleting Account
>>>
```

有时，程序会使用 del 语句删除对对象的引用（如下所示）。如果这导致了该对象的引用计数为零，就会调用 __del__() 方法。然而，通常 del 语句不会直接调用 __del__()，因为在别的地方可能存在其他对该对象的引用。删除对象还有许多其他方法，例如，对变量名进行重新赋值，或者让变量离开函数的作用域：

```python
>>> a = Account('Guido', 1000.0)
>>> a = 42
Deleting Account
>>> def func():
...     a = Account('Guido', 1000.0)
...
>>> func()
Deleting Account
>>>
```

在实践中，类很少需要定义__del__()方法。唯一的例外是对象销毁时需要额外的清理操作，比如关闭文件、关闭网络连接或释放其他系统资源。即使在这些情况下，依赖__del__()来正确关闭也是危险的，因为这并不能保证按我们所愿调用该方法。要彻底关闭资源，我们应该给对象一个显式的 close()方法。还应该让类支持上下文管理器协议，以便结合使用 with 语句。以下是一个涉及各种情况的例子：

```python
class SomeClass:
    def __init__(self):
        self.resource = open_resource()

    def __del__(self):
        self.close()

    def close(self):
        self.resource.close()

    def __enter__(self):
        return self

    def __exit__(self, ty, val, tb):
        self.close()

# 通过__del__()关闭
s = SomeClass()
del s

# 显式关闭
s = SomeClass()
s.close()

# 在上下文块结束时关闭
with SomeClass() as s:
    ...
```

再次强调，在类中编写__del__()几乎是没有必要的。Python 已经有了垃圾回收机制，根本无须这么做，除非在对象销毁时需要发生一些额外的操作。即使这样，仍然可能不需要__del__()，因为即使什么也不做，对象也可能已经能够正确自我清理。

如果引用计数和对象销毁没有足够的危险，则存在某些类型的编程模式，特别是那些涉及父子关系、图形或缓存的模式，在这些模式中对象可以创建所谓的引用循环（reference cycle）。下面是一个例子：

```python
class SomeClass:
```

```
    def __del__(self):
        print('Deleting')

parent = SomeClass()
child = SomeClass()

# 创建一个子-父引用循环
parent.child = child
child.parent = parent

# 尝试删除（没有看到来自__del__的输出）
del parent
del child
```

在这个例子中，变量名被销毁，但你永远看不到__del__()方法的执行。这两个对象各自持有对彼此的内部引用，因此没有办法使引用计数下降到 0。为了处理这个问题，需要经常运行一个特殊的循环检测垃圾收集器。最终对象会被回收，但很难预测何时会被回收。如果想强制进行垃圾回收，可以调用 gc.collect()。gc 模块里还有好些跟循环垃圾收集器和内存监控相关的其他功能。

由于垃圾回收的时间不可预测，因此__del__()方法有一些限制。首先，从__del__()传播的任何异常都被打印到 sys.stderr，除此之外的异常被忽略。其次，__del__()方法应该避免诸如获取锁或其他资源之类的操作。当__del__()在信号处理和线程的第 7 个内部回调循环内执行不相关函数的过程中意外触发时，这样做可能会导致死锁。如果必须定义__del__()，请保持简单。

7.24 弱引用

有时，我们更希望看到对象消亡的时候，但它们却仍然是活的。在前面的示例中，展示了一个在内部缓存实例的 Date 类。这种实现的一个问题是，不存在一个将实例从缓存中彻底删除的途径。因此，缓存会随着时间越来越大。

解决这个问题的一种方法是使用 weakref 模块创建一个弱引用。弱引用是在不增加对象引用计数的情况下创建对象引用的一种方法。要使用弱引用，必须添加一点额外代码来检查所引用的对象是否仍然存在。下面是一个创建弱引用的例子：

```
>>> a = Account('Guido', 1000.0)
>>> import weakref
>>> a_ref = weakref.ref(a)
>>> a_ref
```

```
<weakref at 0x104617188; to 'Account' at 0x1046105c0>
>>>
```

与普通引用不同，弱引用允许原始对象消亡。例如：

```
>>> del a
>>> a_ref
<weakref at 0x104617188; dead>
>>>
```

弱引用包含了一个到对象的可选引用。要获得实际的对象，需要将弱引用作为不带参数的函数来调用。这将返回所指向的对象或 None。例如：

```
acct = a_ref()
if acct is not None:
    acct.withdraw(10)

# 或者
if acct := a_ref():
    acct.withdraw(10)
```

弱引用通常与缓存和其他高级内存管理场景一起使用。这是 Date 类的修改版本，当不再存在引用时，它会自动从缓存中删除对象：

```
import weakref

class Date:
    _cache = { }

    @staticmethod
    def __new__(cls, year, month, day):
        selfref = Date._cache.get((year, month, day))
        if not selfref:
            self = super().__new__(cls)
            self.year = year
            self.month = month
            self.day = day
            Date._cache[year, month, day] = weakref.ref(self)
        else:
            self = selfref()
        return self

    def __init__(self, year, month, day):
        pass

    def __del__(self):
```

```
        del Date._cache[self.year, self.month, self.day]
```

代码有些复杂，但这里有一个互动，展示了代码如何工作。请注意，当一个项目不再存在引用时，弱引用是如何从缓存中删除的：

```
>>> Date._cache
{}
>>> a = Date(2012, 12, 21)
>>> Date._cache
{(2012, 12, 21): <weakref at 0x10c7ee2c8; to 'Date' at 0x10c805518>}
>>> b = Date(2012, 12, 21)
>>> a is b
True
>>> del a
>>> Date._cache
{(2012, 12, 21): <weakref at 0x10c7ee2c8; to 'Date' at 0x10c805518>}
>>> del b
>>> Date._cache
{}
>>>
```

如前所述，类的 __del__() 方法只在对象的引用计数达到零时被调用。在这个例子中，第一个 del a 语句减少了引用计数。但是，由于仍然存在对同一对象的另一个引用，因此该对象仍然保存在 Date._cache 中。当删除第二个对象时，将调用 __del__() 并清除缓存。

对弱引用的支持要求实例具有可变的 __weakref__ 属性。缺省情况下，用户定义类的实例通常具有这样的属性。但是，内置类型及某些特殊数据结构的类型（命名元组、带有 slot 的类）则不带 __weakref__ 属性。如果打算构造对这些类型的弱引用，可以通过定义带有 __weakref__ 属性的变体来实现：

```
class wdict(dict):
    __slots__ = ('__weakref__',)


w = wdict()
w_ref = weakref.ref(w)  # 现在，代码可以正常工作了
```

这里使用 slot 是为了避免不必要的内存开销，稍后会解释。

7.25　内部对象表示和特性绑定

与实例关联的状态存储在一个字典中，可以通过实例的 __dict__ 特性访问。这个字

典包含每个实例的自有数据。这里有一个例子：

```
>>> a = Account('Guido', 1100.0)
>>> a.__dict__
{'owner': 'Guido', 'balance': 1100.0}
```

可以在任何时候向实例添加新属性：

```
a.number = 123456    # 将'number'特性添加到 a.__dict__
a.__dict__['number'] = 654321
```

对实例的修改总是反映在本地的__dict__特性中，除非该特性正由某个属性管理。同样地，如果对__dict__直接修改，这些修改也会反映在特性上。

实例通过一个特殊特性__class__链接回它们的类。类本身也仅是字典上薄薄的一层，可以在类自己的__dict__特性中看到。类字典是查找其方法的地方。例如：

```
>>> a.__class__
<class '__main__.Account'>
>>> Account.__dict__.keys()
dict_keys(['__module__', '__init__', '__repr__', 'deposit', 'withdraw',
'inquiry', '__dict__', '__weakref__', '__doc__'])
>>> Account.__dict__['withdraw']
<function Account.withdraw at 0x108204158>
>>>
```

类通过特殊特性__bases__链接到它们的基类，该特性是基类的元组。__bases__特性仅提供信息。继承的实际运行时实现使用__mro__特性，__mro__是按搜索顺序列出的所有父类的元组。这个底层结构是所有获取、设置或删除实例特性等操作的基础。

每当使用 obj.name = value 设置特性时，就会调用特殊方法 obj.__setattr__('name', value)。如果使用 del obj.name 删除特性，则会调用特殊方法 obj.__delattr__('name')。这些方法的缺省行为是修改或删除 obj 的本地 __dict__里的值，除非所请求的特性恰好对应一个属性或描述符。在那种情况下，设置和删除操作将由与属性关联的设置和删除函数执行。

对于像 obj.name 这样的特性查找，会调用特殊方法 obj.__getattribute__('name')。这个方法执行对特性的搜索，通常包括检查属性、查找本地的__dict__、检查类字典以及搜索 MRO。如果搜索失败，则通过调用类的 obj.__getattr__('name')方法（如果有定义）来最后尝试特性查找。如果还是失败，将抛出 AttributeError 异常。

如果需要，用户定义的类可以实现自己的特性访问函数版本。例如，下面是一个对设置特性名称进行限制的类：

```
class Account:
    def __init__(self, owner, balance):
        self.owner = owner
        self.balance = balance

    def __setattr__(self, name, value):
        if name not in {'owner', 'balance'}:
            raise AttributeError(f'No attribute {name}')
        super().__setattr__(name, value)

# 样例
a = Account('Guido', 1000.0)
a.balance = 940.25     # 可以
a.amount = 540.2       # AttributeError。不允许设置 amount 特性
```

重新实现这些方法的类应该依赖 super() 提供的缺省实现来执行操作特性的实际工作。这是因为缺省实现负责处理类的更高级的特性，如描述符和属性。如果不使用 super()，则我们必须自己处理这些细节。

7.26 代理、包装器和委托

有时类会在另一个对象上实现一个包装层（即包装器层），以创建一种代理对象。代理是一个对象，它公开了与另一个对象相同的接口，但由于某种原因，它并不通过继承与原始对象发生联系。这与组合不同，组合是通过其他对象创建一个全新的对象，但具有自己独有的一组方法和属性。

在许多真实的场景中可能会出现这种情况。例如，在分布式计算中，对象的实际实现可能位于远程云服务器上。与该服务器交互的客户端可能使用一个代理，代理看起来像服务器上的对象；但在幕后，代理通过网络消息将其所有方法调用委托给服务器。

代理的一个常见实现技术涉及 __getattr__() 方法。这里有一个简单的例子：

```
class A:
    def spam(self):
        print('A.spam')

    def grok(self):
        print('A.grok')

    def yow(self):
        print('A.yow')
```

```
class LoggedA:
    def __init__(self):
        self._a = A()

    def __getattr__(self, name):
        print("Accessing", name)
        # 委托给内部 A 实例
        return getattr(self._a, name)

# 使用样例
a = LoggedA()
a.spam()    # 打印 "Accessing spam" 和 "A.spam"
a.yow()     # 打印 "Accessing yow" 和 "A.yow"
```

委托有时用作继承的替代方案。这里有一个例子：

```
class A:
    def spam(self):
        print('A.spam')

    def grok(self):
        print('A.grok')

    def yow(self):
        print('A.yow')

class B:
    def __init__(self):
        self._a = A()

    def grok(self):
        print('B.grok')

    def __getattr__(self, name):
        return getattr(self._a, name)

# 使用样例
b = B()
b.spam()    # -> A.spam
b.grok()    # -> B.grok（重定义方法）
b.yow()     # -> A.yow
```

在这个例子中，看起来好像类 B 继承了类 A 并重新定义了一个方法。这是观察到的行为，但这里的确没有使用继承。相反，B 持有一个对 A 的内部引用。A 的某些方法可以重新定义，而其他方法则通过__getattr__()方法委托给 A。

通过__getattr__()进行转发属性查找的技术是一种常见的技术。但是，请注意，这不适用于映射到特殊方法的操作。例如，考虑这个类：

```python
class ListLike:
    def __init__(self):
        self._items = list()

    def __getattr__(self, name):
        return getattr(self._items, name)

# 样例
a = ListLike()
a.append(1)        # 可以
a.insert(0, 2)     # 可以
a.sort()           # 可以
len(a)             # 失败。没有__len__()方法
a[0]               # 失败。没有__getitem__()方法
```

在这里，类成功地将所有标准列表方法（list.sort()、list.append()等）转发到一个内部列表。然而，Python 的标准运算符都无法工作。要使它们工作，必须显式实现所需的特殊方法。例如：

```python
class ListLike:
    def __init__(self):
        self._items = list()

    def __getattr__(self, name):
        return getattr(self._items, name)

    def __len__(self):
        return len(self._items)

    def __getitem__(self, index):
        return self._items[index]

    def __setitem__(self, index, value):
        self._items[index] = value
```

7.27 使用__slots__减少内存

我们前面已经看到，实例将其数据存储在一个字典中。如果正在创建大量实例，这可能会引入大量内存开销。若是知道特性名称是固定的，则可以在一个特殊类变量

`__slots__`中指定特性名。这里有一个例子：

```
class Account(object):
    __slots__ = ('owner', 'balance')
    ...
```

slot 是一个定义提示，其允许 Python 对内存使用和执行速度进行性能优化。带有`__slots__`的类实例不再使用字典来存储实例数据。相反，实例使用基于数组的更紧凑的数据结构。在创建大量对象的程序中，使用`__slots__`可以显著减少内存使用，并在一定程度上改善执行时间。

`__slots__`中唯一的项目是实例特性。不要摆列方法、属性、类变量或其他任何类级别特性。基本上，其名称与实例`__dict__`字典的键名称相同。

请注意，`__slots__`与继承之间的交互关系很复杂。如果一个类继承自使用`__slots__`的基类，这个派生类也需要定义`__slots__`来存储其自己的特性（即使不添加任何特性），以利用`__slots__`提供的好处。如果忘了这一点，派生类将运行得更慢，并且比不使用`__slots__`的类占用更多内存。

`__slots__`不兼容多重继承。如果指定了多个基类，每个基类都有非空的 slot，则会得到一个 TypeError。

使用`__slots__`也会破坏具有底层`__dict__`特性的实例代码。虽然`__dict__`通常不会用于用户代码，但基于对象的实用程序库和其他工具，其代码会查找`__dict__`，以进行调试、对象序列化和其他操作。

如果在类中重定义了`__getattribute__()`、`__getattr__()`和`__setattr__()`等方法，那么`__slots__`的存在不会对这些方法的调用产生影响。然而，如果正在实现这些方法，要意识到这时候实例的任何`__dict__`特性就不存在了。实现时要充分考虑到这一点。

7.28　描述符

通常，特性访问对应于字典操作。如果需要更多的控制，可以通过用户定义的 get、set 和 delete 函数访问特性。属性的使用前面已经描述过了。但是，属性实际上是使用被称为描述符的低级结构实现的。描述符是管理特性访问的类级对象。通过实现一个或多个特殊方法如`__get__()`、`__set__()`和`__delete__()`，可以直接挂钩到特性访问机制并定制访问操作。这里有一个例子：

```
class Typed:
```

```
        expected_type = object

        def __set_name__(self, cls, name):
            self.key = name

        def __get__(self, instance, cls):
            if instance:
                return instance.__dict__[self.key]
            else:
                return self

        def __set__(self, instance, value):
            if not isinstance(value, self.expected_type):
                raise TypeError(f'Expected {self.expected_type}')
            instance.__dict__[self.key] = value

        def __delete__(self,instance):
            raise AttributeError("Can't delete attribute")

class Integer(Typed):
    expected_type = int

class Float(Typed):
    expected_type = float

class String(Typed):
    expected_type = str

# 使用样例：
class Account:
    owner = String()
    balance = Float()

    def __init__(self, owner, balance):
        self.owner = owner
        self.balance = balance
```

在这个例子中，类 Typed 定义了一个描述符，当一个特性被赋值时，会在描述符中执行类型检查；如果试图删除该特性，则会产生一个错误。Integer、Float 和 String 的子类特化 Type，以匹配特定的类型。在另一个类（如 Account）中使用这些子类，会让关联特性在被访问时自动调用相应的 __get__()、__set__()或 __delete__()方法。例如：

```
a = Account('Guido', 1000.0)
```

```
b = a.owner        # 调用 Account.owner.__get__(a, Account)
a.owner = 'Eva'    # 调用 Account.owner.__set__(a, 'Eva')
del a.owner        # 调用 Account.owner.__delete__(a)
```

描述符只能在类级别实例化。通过在__init__()和其他方法中创建描述符对象,以实例为基础来创建描述符是非法的。描述符的__set_name__()方法在定义类之后,但在创建任何实例之前被调用,以通知描述符在类中已使用的名称。例如,balance = Float()这个定义会调用 Float.__set_name__(Account, 'balance')来通知描述符正在使用的类和名称。

带有__set__()方法的描述符总是优先于实例字典中的项目。例如,如果一个描述符恰好与实例字典中的一个键同名,则该描述符具有优先级。在上面的 Account 示例中,即使实例字典有一个匹配的条目,描述符也会应用类型检查:

```
>>> a = Account('Guido', 1000.0)
>>> a.__dict__
{'owner': 'Guido', 'balance': 1000.0 }
>>> a.balance = 'a lot'
Traceback (most recent call last):
  File "<stdin>", line 1, in <module>
  File "descrip.py", line 63, in __set__
    raise TypeError(f'Expected {self.expected_type}')
TypeError: Expected <class 'float'>
>>>
```

描述符的__get__(instance, cls)方法接受实例参数和类参数。__get__()可能会在类级别调用,在这种情况下,instance 参数为 None。在大多数情况下,如果没有提供实例,__get__()将返回描述符。例如:

```
>>> Account.balance
<__main__.Float object at 0x110606710>
>>>
```

只实现__get__()的描述符被称为方法描述符。相较于同时具有 get/set 能力的描述符,方法描述符具有较弱的绑定。具体来说,方法描述符的__get__()方法只有在实例字典中没有匹配项目时才会被调用。其之所以被称为方法描述符,是因为这种描述符主要用于实现各种类型的 Python 方法——包括实例方法、类方法和静态方法。

例如,下面是一个轮廓实现,展示了如何从头实现@classmethod 和@staticmethod(真实的实现比这更高效):

```
import types
```

```python
class classmethod:
    def __init__(self, func):
        self.__func__ = func

    # 返回一个绑定方法，第一个参数是 cls
    def __get__(self, instance, cls):
        return types.MethodType(self.__func__, cls)

class staticmethod:
    def __init__(self, func):
        self.__func__ = func

    # 返回原样函数
    def __get__(self, instance, cls):
        return self.__func__
```

因为方法描述符只在实例字典中没有匹配条目时才起作用，所以方法描述符还可以用于实现各种形式的特性惰性求值。例如：

```python
class Lazy:
    def __init__(self, func):
        self.func = func

    def __set_name__(self, cls, name):
        self.key = name

    def __get__(self, instance, cls):
        if instance:
            value = self.func(instance)
            instance.__dict__[self.key] = value
            return value
        else:
            return self

class Rectangle:
    area = Lazy(lambda self: self.width * self.height)
    perimeter = Lazy(lambda self: 2*self.width + 2*self.height)

    def __init__(self, width, height):
        self.width = width
        self.height = height
```

在本例中，area 和 perimeter 按需计算并存储在实例字典中的特性。一旦计算出来，值就直接从实例字典返回。

```
>>> r = Rectangle(3, 4)
>>> r.__dict__
{'width': 3, 'height': 4 }
>>> r.area
12
>>> r.perimeter
14
>>> r.__dict__
{'width': 3, 'height': 4, 'area': 12, 'perimeter': 14 }
>>>
```

7.29　类定义过程

　　类的定义是一个动态过程。使用 **class** 语句定义类时，将创建一个新字典，作为局部的类命名空间。然后，类的主体作为这个命名空间中的脚本执行。最后，命名空间成为所生成类对象的 **__dict__** 特性。

　　任何合法的 Python 语句都允许出现在类的主体中。通常，只定义函数和变量，但是也允许控制流、导入、嵌套类和其他允许的一切。例如，下面是一个根据条件来定义方法的类：

```
debug = True

class Account:
    def __init__(self, owner, balance):
        self.owner = owner
        self.balance = balance

    if debug:
        import logging
        log = logging.getLogger(f'{__module__}.{__qualname__}')

        def deposit(self, amount):
            Account.log.debug('Depositing %f', amount)
            self.balance += amount

        def withdraw(self, amount):
            Account.log.debug('Withdrawing %f', amount)
            self.balance -= amount
    else:
        def deposit(self, amount):
            self.balance += amount
```

```
    def withdraw(self, amount):
        self.balance -= amount
```

在这个例子中，全局变量 debug 用来有条件地定义方法。__qualname__ 和 __module__ 变量是预定义的字符串，用于保存类名和封闭模块的信息。它们可以被类体中的语句使用。在本例中，它们用于配置日志记录系统。可能有更简洁的方法来组织上述代码；但这里要表达的重点是，我们可以在类中放入任何想要的内容。

关于类定义的一个关键问题是，用于保存类体内容的命名空间并不是变量的作用域。方法中使用的任何名称（如上面示例中的 Account.log）都需要完全限定。

如果像 locals() 这样的函数在类体中使用（但不在方法中），它将返回用于类命名空间的字典。

7.30 动态创建类

通常，使用 class 语句创建类，但这不是必需的。在 7.29 节中，执行类的主体来填充命名空间，以此定义类。如果能够用自己的定义来填充一个字典，那么就可以在不使用 class 语句的情况下创建一个类。为此，请使用 types.new_class()：

```
import types

# 有一些方法（它们不在某个类里面）
def __init__(self, owner, balance):
    self.owner = owner
    self.balance = balance

def deposit(self, amount):
    self.balance -= amount

def withdraw(self, amount):
    self.balance += amount

methods = {
    '__init__': __init__,
    'deposit': deposit,
    'withdraw': withdraw,
}

Account = types.new_class('Account', (),
                          exec_body=lambda ns: ns.update(methods))
```

```
# 现在我们就拥有了一个类
a = Account('Guido', 1000.0)
a.deposit(50)
a.withdraw(25)
```

new_class()函数需要一个类名、基类的元组和一个负责填充类命名空间的回调函数。这个回调函数接收类命名空间字典作为参数，回调函数应当在合适时机更新命名空间字典。回调函数的返回值将被忽略。

如果想从数据结构创建类，动态创建类可能会很有用。例如，在 7.28 节中定义了以下类：

```
class Integer(Typed):
    expected_type = int

class Float(Typed):
    expected_type = float

class String(Typed):
    expected_type = str
```

这段代码是高度重复的。也许数据驱动的方法会更好：

```
typed_classes = [
    ('Integer', int),
    ('Float', float),
    ('String', str),
    ('Bool', bool),
    ('Tuple', tuple),
]

globals().update(
    (name, types.new_class(name, (Typed,),
            exec_body=lambda ns: ns.update(expected_type=ty)))
    for name, ty in typed_classes)
```

在这个例子中，通过使用 types.new_class()动态创建的类，以更新全局模块命名空间。如果想创建更多的类，就在 typed_classes 列表中放入对应的项目。

有时，会看到用 type()来动态创建一个类。例如：

```
Account = type('Account', (), methods)
```

这是可行的，但它没有考虑一些更高级的类机制，如元类（稍后将讨论）。在现代代码中，请使用 types.new_class()替代 type()的方式。

7.31 元类

在 Python 中定义类时，类定义本身成为一个对象。这里有一个例子：

```
class Account:
    def __init__(self, owner, balance):
        self.owner = owner
        self.balance = balance

    def deposit(self, amount):
        self.balance += amount

    def withdraw(self, amount):
        self.balance -= amount

isinstance(Account, object)    # -> True
```

如果你深入思考过这个问题，就会意识到，如果 Account 是一个对象，那么必须有什么东西去创建它。类对象的创建是由一种被称为元类（metaclass）的特殊类来控制的。简单地说，元类是创建类实例的类。

在这个示例中，创建 Account 的元类是一个名为 type 的内置类。实际上，如果你检查 Account 的类型，将看到它是 type 的一个实例：

```
>>> Account.__class__
<type 'type'>
>>>
```

这有点难以理解，但它与整数相似。例如，如果你写下 x = 42，然后查看 x.__class__，将得到 int，int 是创建整数的类。类似地，type 创建类型（type）或类（class）的实例。

当用 class 语句定义一个新类时，会发生一些事情。首先，为类创建一个新的命名空间。接下来，在这个命名空间中执行类的主体。最后，使用类名、基类和填充的命名空间创建类实例。下面的代码说明了所执行的低级步骤：

```
# 第一步：创建类的命名空间
namespace = type.__prepare__('Account', ())

# 第二步：执行类主体
exec('''
def __init__(self, owner, balance):
    self.owner = owner
    self.balance = balance
```

```
def deposit(self, amount):
    self.balance += amount

def withdraw(self, amount):
    self.balance -= amount
''', globals(), namespace)
```

第三步：创建最终的类对象
```
Account = type('Account', (), namespace)
```

在这个定义过程中，与 type 类进行交互，以创建类命名空间和最终的类对象。可以自定义 type 的使用选择——通过指定不同的元类，一个类可以选择用不同的类型类来处理。这是通过在继承中使用 metaclass 关键字参数来实现的：

```
class Account(metaclass=type):
    ...
```

如果没有给出 metaclass，class 语句将检查基类元组中第一个项目的类型（如果有的话），并将其用作元类。因此，如果写 class Account(object)，生成的 Account 类将具有与 object 相同的类型（即 type）。请注意，没有指定任何父类的类总是从 object 继承而来的，所以这条规则仍然适用。

要创建一个新的元类，可以定义一个继承于 type 的类。在这个类中，可以重新定义在类创建过程中使用的一个或多个方法。通常，这里面包括用于创建类命名空间的 __prepare__()方法、用于创建类实例的 __new__()方法、在创建类之后调用的 __init__()方法，以及用于创建新实例的__call__()方法。下面的示例实现了一个元类，它只打印每个方法的输入参数，以便我们进行试验：

```
class mytype(type):

    # 创建类命名空间
    @classmethod
    def __prepare__(meta, clsname, bases):
        print("Preparing:", clsname, bases)
        return super().__prepare__(clsname, bases)

    # 在主体执行之后创建类实例
    @staticmethod
    def __new__(meta, clsname, bases, namespace):
        print("Creating:", clsname, bases, namespace)
        return super().__new__(meta, clsname, bases, namespace)
```

```python
    # 初始化类实例
    def __init__(cls, clsname, bases, namespace):
        print("Initializing:", clsname, bases, namespace)
        super().__init__(clsname, bases, namespace)

    # 创建类的新实例
    def __call__(cls, *args, **kwargs):
        print("Creating instance:", args, kwargs)
        return super().__call__(*args, **kwargs)

# 样例
class Base(metaclass=mytype):
    pass

# Base 的定义会产生以下输出
# Preparing: Base ()
# Creating: Base () {'__module__': '__main__', '__qualname__': 'Base'}
# Initializing: Base () {'__module__': '__main__', '__qualname__': 'Base'}

b = Base()
# Creating instance: () {}
```

使用元类的一个棘手问题是变量的命名，以及跟踪所涉及的各种实体。在上面的代码中，meta 名称引用元类本身。cls 名称引用由元类创建的类实例。尽管这里没有使用 self 名称，但它引用一个由类创建的普通实例。

元类通过继承传播。因此，如果已经定义了一个基类来使用一个不同的元类，那么所有的子类也将使用这个元类。试试下面的例子，看看我们的自定义元类是如何工作的：

```python
class Account(Base):
    def __init__(self, owner, balance):
        self.owner = owner
        self.balance = balance

    def deposit(self, amount):
        self.balance += amount

    def withdraw(self, amount):
        self.balance -= amount

print(type(Account))    # -> <class 'mytype'>
```

一般在需要对类定义环境和类创建过程进行非常底层的控制时，才会考虑用到元类。然而，在采取行动之前请记住，Python 已经提供了大量用于监视和修改类定义的功能（比如__init_subclass__()方法、类装饰器、描述符、mixin 等等)。大多数时候我们可能用不着元类。也就是说,接下来的几个例子展示了元类提供唯一合理解决方案的情况。

元类的一个用途是,在创建类对象之前,重写类命名空间的内容。类的某些特性在类定义时就已经建立,以后不能修改。其中一个特性是__slots__。如前所述,__slots__是与实例的内存布局相关的性能优化特性。这里有一个元类,它根据__init__()方法的调用签名自动设置__slots__属性:

```python
import inspect

class SlotMeta(type):
    @staticmethod
    def __new__(meta, clsname, bases, methods):
        if '__init__' in methods:
            sig = inspect.signature(methods['__init__'])
            __slots__ = tuple(sig.parameters)[1:]
        else:
            __slots__ = ()
        methods['__slots__'] = __slots__
        return super().__new__(meta, clsname, bases, methods)

class Base(metaclass=SlotMeta):
    pass

# 样例
class Point(Base):
    def __init__(self, x, y):
        self.x = x
        self.y = y
```

在此示例中,在 Point 类创建好的同时,也自动创建好了内容为('x', 'y')的__slots__。生成的 Point 实例现在可以在不知道正在使用 slot 的情况下节省内存。我们不必直接指定 slot。使用类装饰器或__init_subclass__()是不可能实现这种技巧的,因为它们只在类创建好后才对类进行操作。到那时再想使用__slots__来优化,则为时已晚。

元类的另一个用途是更改类定义环境。例如,在类定义期间,名称的重复定义通常会导致静默错误——第二个定义覆盖了第一个定义。假设我们想解决它,下面是一个元类,它通过为类命名空间定义不同类型的字典来解决问题:

```python
class NoDupeDict(dict):
    def __setitem__(self, key, value):
        if key in self:
            raise AttributeError(f'{key} already defined')
```

```
        super().__setitem__(key, value)

class NoDupeMeta(type):
    @classmethod
    def __prepare__(meta, clsname, bases):
        return NoDupeDict()

class Base(metaclass=NoDupeMeta):
    pass

# 样例
class SomeClass(Base):
    def yow(self):
        print('Yow!')

    def yow(self, x):      # 失败。已经定义
        print('Different Yow!')
```

这只是元类可能应用的一小部分场景。对于框架构建者来说，元类提供了严格控制类定义期间所发生事情的机会——允许类充当一种领域特定语言（Domain-Specific Language，DSL）。

从历史上看，元类曾用于完成各种各样的任务，而现在这些任务则可能通过其他方式实现。特别是 __init_subclass__() 方法，可用于处理元类曾经应用的大量使用场景。这包括使用中心注册表注册类、自动修饰方法和生成代码。

7.32　用于实例和类的内置对象

本节阐述用来表示类型和实例的低级对象。在需要直接操作类型的低级元编程和代码中，这些内容可能很有用。

表 7.1 展示了类型对象 cls 的常用特性。

表 7.1　类型特性

特　　性	描　　述
cls.__name__	类名称
cls.__module__	类定义所在的模块名称
cls.__qualname__	完全限定的类名称
cls.__bases__	基类的元组
cls.__mro__	方法解析顺序元组
cls.__dict__	保存类方法和变量的字典

cls.__doc__	文档字符串
cls.__annotations__	类的类型提示的字典
cls.__abstractmethods__	抽象方法名的集合（如果没有，则是未定义的）

cls.__name__特性包含一个短类名。cls.__qualname__特性包含一个完全限定名称，该名称带有周围上下文附加信息（如果在函数内定义类，或创建嵌套类定义，这可能很有用）。cls.__annotations__字典包含类级别的类型提示（如果有的话）。

表 7.2 展示了一个实例 i 的特殊特性。

表 7.2　实例特性

特　　　性	描　　　述
i.__class__	实例所属的类
i.__dict__	保存实例数据的字典（如果有定义的话）

__dict__特性通常是存储与实例相关的所有数据的地方。然而，如果用户定义类使用__slots__，则会使用更高效的内部表示形式，并且实例将没有__dict__属性。

7.33　最后的话：保持简单

本章介绍了非常多的关于类的内容，以及自定义和控制类的方法。然而，在编写类时，保持简单通常是最好的策略。是的，可以使用抽象基类、元类、描述符、类装饰器、属性、多重继承、mixin、模式和类型提示。但是，也可以只编写一个普通类。很可能这个类已经足够好了，每个人都能理解它在做什么。

从大方向来看，后退一步，思考一些提升代码质量的常用指导原则是很有用的。首先，也是最重要的是，可读性非常重要——如果堆积了太多的抽象层，通常会让人饱受折磨。其次，应该编写易于观察和调试的代码，并且不要忘记使用 REPL 工具。最后，代码的可测试性通常是良好设计的积极驱动因素。如果代码无法测试或难以测试，就可能存在着更好的方法来组织我们的解决方案。

8

模块和包

Python 程序被组织成使用 import 语句加载的模块和包。本章将深入描述模块和包系统，重点关注使用模块和包编程，而非关注为了部署而将代码打包到其他环境上的过程。对于后者，请参阅网址链接 5 上的最新文档。

8.1 模块和 import 语句

任何 Python 源文件都可以被作为模块导入。例如：

```
# module.py

a = 37

def func():
    print(f'func says that a is {a}')

class SomeClass:
    def method(self):
        print('method says hi')

print('loaded module')
```

这个文件包含常见的编程元素——包括一个全局变量、一个函数、一个类定义和一个独立的语句。这个例子说明了模块加载的一些重要（有时是微妙的）特性。

要加载一个模块，请使用 import module 语句。例如：

```
>>> import module
loaded module
>>> module.a
37
```

```
>>> module.func()
func says that a is 37
>>> s = module.SomeClass()
>>> s.method()
method says hi
>>>
```

在执行导入时，会发生几件事：

1．定位到模块源代码。如果找不到模块，将抛出 ImportError 异常。

2．创建一个新的模块对象。将此对象用作模块中包含的所有全局定义的容器。它有时被称作命名空间（namespace）。

3．模块源代码在新创建的模块命名空间中执行。

4．如果没发生错误，将在调用者中创建一个引用新模块对象的名称。这个名称匹配模块名称，但是没有任何文件名后缀。例如，如果导入代码属于 module.py 文件，则模块的引用名称为 module。

在这些步骤中，第一步（定位模块）是最复杂的。新手失败的常见原因是使用了错误的文件名或将代码放在了未知的位置。模块文件名必须使用与变量名相同的规则（字母、数字和下画线），并有一个.py 后缀，例如 module.py。当使用 import 时，指定的名称不带后缀，如 import module，而不是 import module.py（后者会产生一个相当令人困惑的错误消息）。模块文件需要放置在 sys.path 中存在的一个目录里。

其余步骤都与一个为代码定义隔离环境的模块有关。其他模块中出现的所有定义都与该模块保持隔离。因此，不存在变量、函数和类名称与其他模块中相同名称冲突的风险。当访问模块中的定义时，使用完全限定名，如 module.func()。

import 执行所加载源文件中的所有语句。如果一个模块除定义对象外，还执行计算或产生输出，则会看到结果——例如在上面示例中打印的"loaded module"消息。模块的一个常见问题是访问类。一个模块总是定义一个命名空间，所以如果一个文件 module.py 定义了一个类 SomeClass，就使用名称 module.SomeClass 来引用类。

要使用单个 import 来导入多个模块，请使用逗号分隔的名称列表：

```
import socket, os, re
```

有时，会通过 import 的 as 限定符对引用模块的本地名称进行更改。例如：

```
import module as mo

mo.func()
```

后一种导入方式是数据分析领域的标准做法。例如，我们经常会看到：

```
import numpy as np
import pandas as pd
import matplotlib as plt
...
```

当重命名一个模块时，新名称只适用于出现 import 语句的上下文。其他不相关的程序模块仍然可以使用该模块的原始名称加载该模块。

为导入模块分配新名称，对于管理公共功能的不同实现或编写可扩展程序来说是一个有用的工具。例如，如果有两个模块 unixmodule.py 和 winmodule.py，它们都定义了一个函数 func()，但涉及平台依赖的实现细节，这时可以编写代码来有选择地导入模块：

```
if platform == 'unix':
    import unixmodule as module
elif platform == 'windows':
    import winmodule as module


...
r = module.func()
```

模块在 Python 中是头等对象。这意味着它们可以被赋值给变量，放在数据结构中，并作为数据在程序中传递。例如，上面例子中的名称 module 是一个引用相应模块对象的变量。

8.2 模块缓存

不管使用 import 语句多少次，模块源代码都只加载和执行一次。后续 import 语句将模块名称绑定到先前导入创建的模块对象上。

将一个模块导入一个交互式会话中，然后它的源代码修改了（例如，为了修复一个 bug），但是新的 import 却不能加载修改后的代码，这时新手通常会感到困惑。问题出在模块缓存上。即使底层源代码已经更新，Python 也不会重新加载之前导入的模块。

可以在 sys.modules 中找到所有当前加载模块的缓存，sys.modules 是一个将模块名称映射到模块对象的字典。该字典的内容用于确定 import 是否加载模块的新副本。从缓存中删除一个模块将强制被删除模块在下一个 import 语句中再次被加载。然而，等看完 8.5 节关于重新加载模块的内容，会发现这么干是存在很大安全风险的。

有时会看到在函数中使用 import，就像这样：
```
def f(x):
    import math
```

```
return math.sin(x) + math.cos(x)
```

乍一看，像这样的实现似乎慢得可怕——在每次调用时加载模块。实际上，**import** 的代价已经最小化——这只是一个字典查找，因为 Python 会立即在缓存中找到模块。反对在函数内部使用 **import** 是一种风格考量，常见风格是将所有模块导入列在文件的顶部，让开发人员更容易看到。另一方面，如果有一个很少调用的特化函数，则将该函数的导入依赖放在函数体中可以加快程序加载。在本例中，只在实际需要时加载所需的模块。

8.3　从模块导入选定名称

可以使用 from module import name 语句将模块中的特定定义加载到当前命名空间中。它和 **import** 是一样的，不同之处在于，它不是创建一个引用新创建模块命名空间的名称，而是将模块中定义的一个或多个对象的引用放到当前命名空间中：

```
from module import func      # 导入 module 并将 func 放到当前命名空间中

func()                       # 调用 module 中定义的 func()
module.func()                # 失败。NameError: module
```

如果需要多个定义，则 **from** 语句接受用逗号分隔的名称。例如：

```
from module import func, SomeClass
```

从语义上说，语句 from module import name 执行从模块缓存到本地命名空间的名称复制。也就是说，Python 首先在幕后执行 import module。然后，从缓存向一个本地名称赋值，就像 name = sys.modules['module'].name。

一个常见的误解是，from module import name 语句效率更高——可能只加载模块的一部分。事实并非如此。无论哪种方式，整个模块都被加载并存储在缓存中。

使用 **from** 语法导入函数不会改变它们的作用域规则。当函数查找变量时，函数只在函数被定义的文件中查找，而不在函数被导入及调用的命名空间中查找。例如：

```
>>> from module import func
>>> a = 42
>>> func()
func says that a is 37
>>> func.__module__
'module'
>>> func.__globals__['a']
37
>>>
```

存在一个有关全局变量行为的困惑。例如，考虑下面这段代码，同时导入了 func 和全局变量 a：

```
from module import a, func
a = 42        # 修改变量
func()        # 打印 "func says a is 37"
print(a)      # 打印 "42"
```

Python 中的变量赋值不是一种存储操作。也就是说，本例中的名称 a 并不表示用来存储值的某种类型的盒子。初始导入将本地名称 a 与原始对象 module.a 关联起来。然而，后来的重新赋值 a = 42 将本地名称 a 移动到一个完全不同的对象。此时，a 不再与导入模块中的值绑定。由于这个原因，诸如 C 这样的编程语言对待全局变量的行为，就不适用于 Python 的 from 语句的变量处理场景。如果程序需要可变全局参数，可以把这些全局参数放在一个模块，使用 import 语句导入这个模块，并显式使用模块名，例如 module.a。

有时用星号（*）通配符来加载模块中的所有定义（那些以下画线开头的定义除外）。这里有一个例子：

```
# 将所有定义加载到当前命名空间中
from module import *
```

from module import *语句只能在模块的顶层作用域使用。特别地，在函数体中使用这种导入形式是非法的。

通过定义列表__all__，模块可以精确地控制 from module import *导入的名称集合。这里有一个例子：

```
# module: module.py

__all__ = [ 'func', 'SomeClass' ]

a = 37              # 不导出

def func():         # 导出
    ...

class SomeClass:    # 导出
    ...
```

在交互式 Python 提示符处，使用 from module import *可以成为处理模块的一种方便方式。但是，在程序中使用这种导入样式是不可取的。过度使用会污染本地命名空间并导致混乱。例如：

```
from math import *
from random import *
from statistics import *

a = gauss(1.0, 0.25) # 来自哪个模块呢？
```

通常，明确名称会更好：

```
from math import sin, cos, sqrt
from random import gauss
from statistics import mean

a = gauss(1.0, 0.25)
```

8.4　循环导入

如果两个模块相互导入，就会出现一个古怪问题。例如，假设有两个文件：

```
# ---------------------------
# moda.py

import modb

def func_a():
    modb.func_b()

class Base:
    pass

# ---------------------------
# modb.py

import moda

def func_b():
    print('B')

class Child(moda.Base):
    pass
```

这段代码中有一个奇怪的导入顺序依赖。先使用 `import modb` 可以正常工作，但是如果先使用 `import moda`，就会出现一个关于 `moda.Base` 未定义的错误。

要理解发生了什么，必须顺着控制流来思考。import moda 开始执行 moda.py 文件。在 moda.py 文件中遇到的第一个语句是 import modb。因此，控制切换到 modb.py。modb.py 文件中的第一个语句是 import moda。模块缓存满足导入，控制继续 modb.py 中的下一条语句，而不是进入递归循环。这很好，这时的循环导入不会导致 Python 死锁或进入新的时空维度。然而，执行到这一环节，模块 moda 只被部分计算。当控制到达 class Child(moda.Base) 语句时，就出问题了。所需的 Base 还没有被定义。

解决这个问题的一种方法是将 import modb 语句移动到其他地方。例如，可以将导入操作移动到实际需要该定义的 func_a() 中：

```python
# moda.py

def func_a():
    import modb
    modb.func_b()

class Base:
    pass
```

也可以将导入移动到文件中稍后的位置：

```python
# moda.py

def func_a():
    modb.func_b()

class Base:
    pass

import modb    # 必须是在 Base 的定义之后
```

这两种解决方案都可能在代码审查中引起争议。大多数时候你并不会看到模块导入出现在文件的末尾。循环导入的存在几乎总是表明代码组织存在问题。更好的处理方法可能是将 Base 的定义移动到一个单独的 base.py 文件中，并按如下方式重写 modb.py：

```python
# modb.py

import base

def func_b():
    print('B')

class Child(base.Base):
    pass
```

8.5 模块的重新加载与卸载

对于之前导入的模块进行重新加载或卸载没有可靠的支持。虽然可以从 sys.modules 中删除一个模块，但这并不会从内存中卸载模块。这是因为导入该模块的其他模块中仍然存在对缓存模块对象的引用。此外，如果在模块中定义了类的实例，这些实例包含对它们的类对象的引用，这些类对象反过来又包含对定义实例的模块的引用。

模块引用存在于许多地方的事实，使得更改模块的实现后，很难重新加载模块。例如，如果从 sys.modules 中删除一个模块，并使用 import 来重新加载该模块，这并不会回过头来更改程序中使用的旧有模块引用。相反，我们将拥有一个最近 import 语句创建的新模块的引用，以及一组别的代码部分中导入语句创建的旧模块的引用。这通常不是我们想要的。模块重新加载在任何正常的生产代码中都不是安全的，除非你能够小心地控制整个执行环境。

reload()函数用于重新加载一个模块，可以在 importlib 库中找到它。在使用上，将之前加载过的模块作为参数传递给它。例如：

```
>>> import module
>>> import importlib
>>> importlib.reload(module)
loaded module
<module 'module' from 'module.py'>
>>>
```

reload()的工作方式是加载新版本的模块源代码，然后在已经存在的模块命名空间上执行它。这是在不清除先前命名空间的情况下完成的。这与在旧代码的基础上输入新的源代码而不重新启动解释器是一样的。

如果其他模块之前使用标准导入语句（比如 import module）导入了重新加载的模块，那么重新加载会让这些模块看到更新的代码，就像变魔术一样。然而，仍然存在很多危险。首先，重新加载过程不会重新加载这些重新加载的文件中导入的任何模块。重新加载不是递归的——它只适用于传给 reload() 的那一个模块。其次，如果有任何模块使用了 from module import name 的导入形式，那么这些导入将无法看到重新加载的效果。最后，如果已经创建了类的实例，则重新加载不会更新这些实例的底层类定义。实际上，在同一个程序中，同一个类有两个不同的定义——在重新加载的时候，旧的定义用于所有现有实例，而新定义用于新实例。这几乎总是令人困惑。

在此应该注意的是，Python 的 C/C++扩展不能被以任何方式安全地卸载或重新加载。Python 并没有对此提供支持，而且底层操作系统可能会禁止这么做。在这种情况下，最好的办法是重新启动 Python 解释器进程。

8.6　模块编译

当模块第一次导入时，它们被编译成解释器字节码。代码被写入一个 .pyc 文件，该文件位于一个特殊的 __pycache__ 目录中。这个目录通常跟原始 .py 文件在一起。当在程序的不同运行中再次发生相同的导入时，将加载已编译的字节码。这大大加快了导入过程。

字节码的缓存是一个自动的过程，几乎无须我们操心。如果原始源代码发生更改，则会自动重新生成文件。这真的很管用。

即便如此，仍然有理由了解这个缓存和编译过程。首先，有时 Python 文件会在这样的环境中安装——用户没有操作系统权限来创建所需的 __pycache__ 目录，通常是意外地这么做。Python 仍然可以工作，但现在每次导入都会加载原始源代码，并将其编译为字节码。程序加载会比希望的慢很多。类似地，在部署或打包 Python 应用程序时，包含已编译的字节码可能是有益的，因为这可能会显著加快程序的启动速度。

了解模块缓存的另一个原因是，一些编程技术会干扰它。涉及动态代码生成和 exec() 函数的高级元编程技术会抵消字节码缓存的好处。一个值得注意的例子是数据类的使用：

```python
from dataclasses import dataclass

@dataclass
class Point:
    x: float
    y: float
```

数据类的工作方式是，将方法函数生成为文本片段并使用 exec() 来执行。导入系统不会缓存这些生成的代码。对于一个类定义，你并不会注意到什么问题。但是，如果有一个包含了 100 个数据类的模块，你就可能发现，跟另一个由普通类（虽然代码没那么紧凑）组成的类似模块相比，这个模块的导入速度慢了近 20 倍。

8.7　模块搜索路径

当导入模块时，解释器会搜索 sys.path 中的目录列表。sys.path 里的第一个项目通常是一个空字符串 ''，代表当前工作目录。或者，如果运行一个脚本，sys.path 中的第一个项目是脚本所在的目录。sys.path 中的其他项通常由目录名和 .zip 归档文件混合组成。`sys.path` 中项目的列出顺序决定了导入模块时使用的搜索顺序。若要向搜索路径添加新项目，就添加到这个 `sys.path` 列表中。这可以用代码直接完成，也可以通过设置 PYTHONPATH 环境变量来完成。例如，在 UNIX 上：

```
bash $ env PYTHONPATH=/some/path python3 script.py
```

ZIP 归档文件是将一系列模块捆绑进单个文件的方便方法。例如，假设创建了两个模块，`foo.py` 和 `bar.py`，并将它们放在 `mymodules.zip` 文件中。该文件可以按如下方式添加到 Python 搜索路径中：

```
import sys
sys.path.append('mymodules.zip')
import foo, bar
```

也可以使用 `.zip` 文件目录结构中的特定位置作为路径。此外，`.zip` 文件可以与常规路径名称成分混合使用。这里有一个例子：

```
sys.path.append('/tmp/modules.zip/lib/python')
```

ZIP 文件不一定要使用 `.zip` 文件后缀。在 Python 历史上，在路径的设置中我们也经常会看到 `.egg` 文件。`.egg` 文件起源于早期的 Python 包管理工具 setuptools。但是，`.egg` 文件不过是一个普通的 `.zip` 文件或目录，其中添加了一些额外的元数据（版本号、依赖关系等等）。

8.8　作为主程序执行

虽然本节是关于 `import` 语句的，但 Python 文件通常作为主脚本执行。例如：

```
% python3 module.py
```

每个模块都包含一个变量 `__name__`，该变量保存模块名。代码可以检查这个变量，以确定自己在哪个模块中执行。解释器的顶级模块名为 `__main__`。在命令行中指定的程序或交互式输入的程序运行在 `__main__` 模块中。有时程序可能会改变其行为，这取决于程序是作为模块导入，还是在 `__main__` 中运行。例如，一个模块可能包含一些代码，这些代码在该模块用作主程序时执行，但在该模块只是被别的模块导入时不执行。

```
# 检查本文件是否作为程序运行
if __name__ == '__main__':
    # 是的。作为主脚本运行
    statements
else:
```

```
# 不，我一定是作为模块被导入的
statements
```

　　作为库用途的代码文件，可以使用这种技术来包含可选的测试或示例代码。在开发模块时，可以将用于测试库特性的调试代码放在 `if` 语句中，并将模块作为主程序，用 Python 运行。以库方式导入的话，用户就无法运行 `if` 中的代码了。

　　如果创建了一个 Python 代码目录，且该目录包含一个特殊的 __main__.py 文件，则可以执行该目录。例如，像这样创建一个目录：

```
myapp/
    foo.py
    bar.py
    __main__.py
```

通过 `python3 myapp` 就可以在目录之上运行 Python。执行将从 __main__.py 文件开始。如果将 `myapp` 目录转换为 ZIP 归档文件，那样也可以工作。输入 `python3 myapp.zip` 将查找顶级的 __main__.py 文件，并在找到时执行它。

8.9　包

　　除了最简单的程序，我们一般都会将 Python 代码组织到包（package）中。包是同一顶级名称之下分组模块的集合。这种分组有助于解决不同应用程序中所用模块名称之间的冲突，并把我们的代码与其他代码分开。创建一个专有名称的目录，并在该目录中放置一个初始为空的 __init__.py 文件，这样就建好了一个包。然后根据需要在该目录中放置其他 Python 文件和子包。例如，一个包可以按如下方式组织：

```
graphics/
    __init__.py
    primitive/
        __init__.py
        lines.py
        fill.py
        text.py
        ...
    graph2d/
        __init__.py
        plot2d.py
        ...
    graph3d/
        __init__.py
```

```
        plot3d.py
        ...
    formats/
        __init__.py
        gif.py
        png.py
        tiff.py
        jpeg.py
```

import 语句从包中加载模块的方式，与加载简单模块的方式没什么不同，只是现在有了更长的名称。例如：

```
# 完整路径
import graphics.primitive.fill
...
graphics.primitive.fill.floodfill(img, x, y, color)

# 加载特定的子模块
from graphics.primitive import fill
...
fill.floodfill(img, x, y, color)

# 从子模块加载特定的函数
from graphics.primitive.fill import floodfill
...
floodfill(img, x, y, color)
```

不管包的哪个部分，只要是首次导入，__init__.py 文件中的代码都会率先执行（如果存在）。如前所述，这个文件可能是空的，但是它也可以包含特定于包的初始化代码。如果导入深度嵌套的子模块，那么遍历目录结构时遇到的所有 __init__.py 文件都会执行。因此，import graphics.primitive.fill 语句将首先执行 graphics/ 目录中的 __init__.py 文件，然后执行 primitive/ 目录中的 __init__.py 文件。

机敏的 Python 开发者可能会发现，如果省略了 __init__.py 文件，包似乎仍然可以工作。这是正确的，可以将 Python 代码的目录作为包，即使该目录不包含 __init__.py。然而，不明显的是，缺少 __init__.py 文件的目录实际上定义了一种不同类型的包，即命名空间包（namespace package）。这是一个高级特性，有时会被大型库和框架用来实现整脚的插件系统。在作者看来，这很少是读者想要的——在创建包时，应该总是创建合适的 __init__.py 文件。

8.10　包内导入

import 语句的一个关键特性是，所有模块导入都需要一个绝对或完全限定的包路径。这同样适用于在包自身中使用的 import 语句。例如，假设 graphics.primitive.fill 模块想要导入 graphics.primitive.lines 模块。import lines 这样的简单语句并不起作用——这将得到一个 ImportError 异常。相反，需要像这样完全限定导入：

```
# graphics/primitives/fill.py
```

```
# 完全限定子模块导入
from graphics.primitives import lines
```

遗憾的是，写出这样一个完整的包名既烦人又脆弱。例如，有时重命名一个包是有意义的——比如，我们也许想重命名包，以便可以使用不同版本。如果包名是硬连接到代码中的，则无法这样做。更好的选择是像下面这样使用相对于包的导入：

```
# graphics/primitives/fill.py
```

```
# 相对于包的导入
from . import lines
```

在 from . import lines 语句中使用的.引用与导入模块（指调用者）相同的目录。因此，该语句将在与 fill.py 文件相同的目录中查找模块 lines。

相对导入还可以指定包含在同一包的不同目录中的子模块。例如，如果模块 graphics.graph2d.plot2d 想要导入 graphics.primitive.lines，可以使用下面这样的语句：

```
# graphics/graph2d/plot2d.py
```

```
from ..primitive import lines
```

这里的..向上移动一个目录层级，然后 primitive 再向下移动到不同的子包目录。

只能使用 import 语句的 from module import symbol 形式指定相对导入。因此，像 import ..primitive.lines 或 import .lines 这样的语句有语法错误。而且，symbol 必须是一个简单的标识符，所以像 from .. import primitive.lines 这样的语句也是非法的。最后，相对导入只能在包内使用，使用相对导入来引用文件系统上不同目录中的模块是非法的。

8.11　以脚本方式运行包的子模块

组织到包中的代码具有与简单脚本不同的运行时环境。环境涉及包名、子模块，以及相对导入的使用（只在包内工作）。一个失效功能是直接在包的源文件上运行 Python 的能力。例如，假设正在处理 **graphics/graph2d/plot2d.py** 文件，并在源代码文件底部添加了一些测试代码：

```
# graphics/graph2d/plot2d.py
from ..primitive import lines, text

class Plot2D:
    ...

if __name__ == '__main__':
    print('Testing Plot2D')
    p = Plot2D()
    ...
```

如果试图直接运行该文件，会得到一个关于相对导入语句的错误：

```
bash $ python3 graphics/graph2d/plot2d.py
Traceback (most recent call last):
  File "graphics/graph2d/plot2d.py", line 1, in <module>
    from ..primitive import line, text
ValueError: attempted relative import beyond top-level package
bash $
```

也不能进入包目录并在里面运行程序：

```
bash $ cd graphics/graph2d/
bash $ python3 plot2d.py
Traceback (most recent call last):
  File "plot2d.py", line 1, in <module>
    from ..primitive import line, text
ValueError: attempted relative import beyond top-level package
bash $
```

要将子模块作为主脚本运行，需要对解释器使用-m选项。例如：

```
bash $ python3 -m graphics.graph2d.plot2d
Testing Plot2D
bash $
```

-m指定一个模块或包作为主程序。Python 将通过适当的环境来运行模块，以确保导入正常工作。许多 Python 内置包都有可以通过-m 使用的"秘密"特性。最著名的一个案例是使用 python3 -m http.server 从当前目录运行 Web 服务器。

可以使用自己的包提供类似的功能。如果提供给 python -m name 的名称对应于一个包目录，Python 会在该目录中查找__main__.py，并将其作为脚本运行。

8.12 控制包命名空间

包的主要用途是作为代码的顶级容器。有时，用户仅导入顶级名称。例如：

```
import graphics
```

这个导入没有指定任何特定的子模块。它也不能访问包的任何其他部分。例如，这样的代码会失败：

```
import graphics
graphics.primitive.fill.floodfill(img,x,y,color)    # 失败!
```

当只导入顶级包时，唯一导入的文件是对应的__init__.py 文件；在这个例子中，是 graphics/__init__.py 文件。

__init__.py 文件的主要用途是构建和/或管理顶级包命名空间的内容。通常，这涉及从较低级的子模块导入选定的函数、类和其他对象。例如，如果本例中的 graphics 包包含数百个低级函数，但大多数的函数细节被封装到少数高级类中，那么__init__.py 文件可能选择只公开这些类：

```
# graphics/__init__.py

from .graph2d.plot2d import Plot2D
from .graph3d.plot3d import Plot3D
```

对于这个__init__.py 文件，Plot2D 和 Plot3D 的名称将出现在包的顶层。然后，用户可以使用这些名称，就好像 graphics 只是一个简单的模块：

```
from graphics import Plot2D

plt = Plot2D(100, 100)
plt.clear()
...
```

这对用户来说通常更方便，因为他们无须知道我们实际上是如何组织代码的。从某种意义上说，这在代码结构的顶部放置了一个更高的抽象层。Python 标准库中的许多模块都是以这种方式构建的。例如，流行的 collections 模块实际上是一个包。

collections/__init__.py 文件整合了来自几个不同位置的定义，并将这些定义作为一个统一的命名空间呈现给用户。

8.13　控制包的导出

一个问题涉及__init__.py 文件和低级子模块之间的交互。例如，包的用户可能只关心顶层包命名空间中的对象和函数。但是，包的实现者可能要关心如何将代码组织到可维护的子模块中。

为了更好地管理这种组织复杂性，包中的子模块通常通过定义__all__变量来显式声明导出列表。这是一个应该在包命名空间中向上一层使用的名称列表。例如：

```
# graphics/graph2d/plot2d.py

__all__ = ['Plot2D']

class Plot2D:
    ...
```

然后，关联的__init__.py 文件使用*导入方式来导入子模块，就像这样：

```
# graphics/graph2d/__init__.py

# 只加载__all__变量中显式列出的名称
from .plot2d import *

# 传播__all__到接续层级（如果需要）
__all__ = plot2d.__all__
```

这个提升过程会一直持续到顶层包__init__.py。例如：

```
# graphics/__init__.py

from .graph2d import *
from .graph3d import *

# 统一导出
__all__ = [
    *graph2d.__all__,
    *graph3d.__all__
]
```

要点是包的每个组件都使用__all__变量显式地声明其导出。然后，__init__.py

文件向上传播导出。在实践中，这可能会变得复杂，但这种方法避免了将特定的导出名称硬连接到 `__init__.py` 文件的问题。相反，如果一个子模块想要导出一些东西，导出名称只会列在 `__all__` 变量的一个地方。然后，导出名称就能够神奇地传播到包命名空间中的适当位置。

值得注意的是，尽管在用户代码中不主张使用*导入，但其在包 `__init__.py` 文件中则得到了广泛应用。*导入在包中使用的原因是，它通常更受控制和更易被约束——由 `__all__` 变量的内容驱动，而非"肆意导入一切"的态度。

8.14　包数据

有时包包含了需要加载的数据文件（非源文件）。在包中，`__file__` 变量会给出一个特定源文件的位置信息。然而，包是复杂的。它们可能被打包在 ZIP 归档文件中，或者通过非常规环境加载。`__file__` 变量本身可能不可靠，甚至未定义。因此，加载数据文件通常并非简单地将文件名传递给内置的 open() 函数，然后读取一些数据。

要读取包数据，请使用 pkgutil.get_data(package, resource)。例如，有一个包是这样的：

```
mycode/
    resources/
        data.json
    __init__.py
    spam.py
    yow.py
```

要从 spam.py 文件中加载 data.json 文件，请这么做：

```
# mycode/spam.py

import pkgutil
import json

def func():
    rawdata = pkgutil.get_data(__package__, 'resources/data.json')
    textdata = rawdata.decode('utf-8')
    data = json.loads(textdata)
    print(data)
```

get_data() 函数试图找到指定的资源，并以原始字节串的形式返回其内容。示例中的 `__package__` 变量是一个包含封装包的名称的字符串。任何进一步的解码（例如，将字节转换为文本）和解释都取决于程序员。在本例中，数据解码，并从 JSON 解析为 Python 字典。

包并不应该用来存储大型数据文件。包正常工作所需的配置数据及其他文件才应该作为包资源。

8.15 模块对象

模块是头等对象。表 8.1 列出了模块中的常见特性。

表 8.1 模块特性

特　　性	描　　述
__name__	完整模块名称
__doc__	文档字符串
__dict__	模块字典
__file__	所定义的文件名
__package__	封装包的名称（如果有的话）
__path__	子目录列表，用于搜索包的子模块
__annotations__	模块级类型提示

__dict__ 特性是一个表示模块命名空间的字典。模块中定义的所有内容都放在这里。

__name__ 特性经常在脚本中使用。通常会进行诸如 if __name__ == '__main__' 之类的检查，以查看文件是否作为独立程序运行。

__package__ 特性包含封装包的名称（如果有的话）。如果设置了 __path__ 特性，则它是一个目录列表，通过搜索它来定位包的子模块。通常，__path__ 包含单个项目——包所在的目录。有时大型框架会使用 __path__ 来合并其他目录，以支持插件和其他高级功能。

并非所有特性都可用在所有模块上。例如，内置模块可能没有设置 __file__ 特性。类似地，与包相关的特性没有在顶级模块（不包含在包中）中设置。

__doc__ 特性是模块的文档字符串（如果有的话）。文档字符串作为文件中的第一条语句出现。__annotations__ 特性是一个模块级类型提示的字典。它们看起来像下面这样：

```
# mymodule.py
```

```
'''
The doc string
'''

# 类型提示（其会被放进__annotations__）
x: int
y: float
...
```

与其他类型提示一样，模块级提示不会改变 Python 行为的任何部分，也不会实际定义变量。它们是纯粹的元数据，其他工具可以根据需要选择查看类型提示信息。

8.16   部署 Python 包

模块和包的最后一个知识点是如何将我们的代码提供给他人。这是一个很大的主题，多年来一直是积极发展中的焦点主题。正因为如此，本书不会对此展开阐述，以避免读者读到一个过时的内容。相反，请将注意力转到网址链接 5 上的内容。

对于日常开发而言，最重要的事情是将代码隔离为一个自包含项目。所有代码都应该存在于合适的包中。尝试给包一个唯一的名称，这样它就不会与其他可能的依赖项冲突。请参考网址链接 2 上的 Python 包索引来选择一个名称。在构建代码时，尽量保持简单。正如已经看到的，可以使用模块和包系统完成许多高度复杂的工作。完成这些工作需要时间和场景的支持，也不该是新手程序员该做的事。

要保持绝对简单的意识，发布纯 Python 代码的最简单方式是，使用 setuptools 模块或内置的 distutils 模块。假设我们已经编写了一些代码，并且项目看起来像下面这样：

```
spam-project/
    README.txt
    Documentation.txt
    spam/          # 代码包
        __init__.py
        foo.py
        bar.py
    runspam.py     # 脚本，运行为：python runspam.py
```

要创建分发版，请在最上面的目录中创建一个 setup.py 文件（本例中为 spam-project/）。在这个文件中，输入以下代码：

```
# setup.py
```

```
from setuptools import setup

setup(name="spam",
      version="0.0"
      packages=['spam'],
      scripts=['runspam.py'],
)
```

在 setup()调用中，packages 是所有包目录的列表，scripts 是脚本文件的列表。如果软件中没有这些参数（例如，没有脚本），则可以省略这些参数。name 是包的名称，version 是版本号字符串。对 setup()的调用支持各种其他参数，这些参数提供了关于包的各种元数据。请在网址链接 6 上查看完整的列表。

创建 setup.py 文件，就足以创建软件的源代码发行版。键入以下 shell 命令创建一个源代码发行版：

```
bash $ python setup.py sdist
...
bash $
```

这将在 spam/dist 目录中创建一个存档文件，比如 spam-1.0.tar.gz 或 spam-1.0.zip。该文件用于分发，以便用户可以安装我们的软件。要安装我们的软件，用户可以使用 pip 之类的命令。例如：

```
shell $ python3 -m pip install spam-1.0.tar.gz
```

这会将软件安装到本地 Python 发行版中，让软件得以正常使用。代码通常会安装到 Python 库中一个名为 site-packages 的目录中。要找到这个目录的确切位置，请检查 sys.path 的值。脚本安装目录（实际上是一个名为 Scripts 的目录）通常跟 Python 解释器在一块。

如果脚本的第一行以#!开头并且包含文本 python，安装程序将重写这一行，以指向 Python 的本地安装。因此，如果脚本已经硬编码到一个特定的 Python 位置，比如 /usr/local/bin/python，那么当软件安装在其他系统上时，即使 Python 位置不同，它仍然可以工作。

必须强调的是，这里描述的 setuptools 用法绝对是最小规模的。大型项目可能涉及 C/C++扩展、复杂的包结构、示例等等。介绍部署此类代码所需的各种工具与可能方式，已经超出了本书的讲解范畴。你应该参考网址链接 2 和网址链接 7 上的各种资源，以获得最新的建议。

8.17　倒数第二句话：从一个包开始

当开始一个新程序，从一个简单的 Python 文件开始是很容易的事情。例如，可以编写一个名为 program.py 的脚本，并从它开始。虽然这对于一次性程序和短期任务来说没什么问题，但在更复杂的业务场景中，"脚本"可能会开始增长并添加特性。最后，你就可能想把它拆分为多个文件。就在这个时候，问题经常冒出来。

鉴于此，养成从一开始就将所有程序作为一个包启动的习惯是有意义的。例如，与其创建一个名为 program.py 的文件，不如创建一个名为 program 的程序包目录：

```
program/
    __init__.py
    __main__.py
```

将开始代码放在 __main__.py 中，并使用像 python -m program 这样的命令运行程序。当代码增长时，可以向包中添加新文件，并使用相对包的导入。使用包的一个优点是，所有代码都保持隔离。我们可以随意命名文件，而不必担心与其他包、标准库模块或同事编写的代码发生冲突。尽管在一开始设置一个包需要更多的工作，但这么做可能会在以后省去很多麻烦。

8.18　最后的话：保持简单

这里谈到的内容是有限的，还有很多与模块和包系统相关的更高级技巧。请参考网址链接 8 上的教程 "Modules and Packages: Live and Let Die!"，以了解更多内容。

然而，综合考虑各种因素，最好不要对模块进行任何高级的黑客操作。管理模块、包和软件发行版一直是 Python 社区的痛苦之源。人们对模块系统进行黑客操作直接带来了大量麻烦。不要这样做。保持简单，当身边同事建议修改 import 以使用区块链时，请果断说 "不"。

输入与输出

输入和输出（I/O）是所有编程的一部分。本章描述了 Python I/O 的基本内容，包括数据编码、命令行选项、环境变量、文件 I/O 和数据序列化。本章特别关注编程技术和抽象，以满足正确的 I/O 处理。9.15 节描述了与 I/O 相关的通用标准库模块。

9.1 数据表示

I/O 的主要问题是外部世界。为了与外部通信，数据必须正确表示，这是正常操作数据的基础。在底层，Python 使用两种基本数据类型：字节（byte）——表示任何类型的未加工的原始数据，文本（text）——表示 Unicode 字符。

为了表示字节，Python 使用了两种内置类型：bytes 和 bytearray。bytes 是一个不可变的整数字节值的字符串。bytearray 是一个可变字节数组，其行为像字节字符串和列表的组合。bytearray 的可变性使其适合以更加增量的方式来构建字节组，比如通过片段组装数据。下面的示例说明了 bytes 和 bytearray 的一些特性：

```python
# 指定一个字节字面量(注意前缀 b)
a = b'hello'

# 从整数列表中指定字节
b = bytes([0x68, 0x65, 0x6c, 0x6c, 0x6f])

# 从部件来创建并填充一个 bytearray
c = bytearray()
c.extend(b'world')     # c = bytearray(b'world')
c.append(0x21)         # c = bytearray(b'world!')

# 访问字节值
print(a[0])            # --> 打印 104
```

```
for x in b:                # 输出 104 101 108 108 111
    print(x)
```

访问 byte 和 bytearray 对象的单个元素将产生整型字节值，而不是单字符字节字符串。这与文本字符串不同，所以这是一个常见的错误用法。

文本由 str 数据类型表示，并存储为 Unicode 代码点数组。例如：

```
d = 'hello'        # 文本（Unicode）
len(d)             # --> 5
print(d[0])        # 打印'h'
```

Python 在字节和文本之间保持严格的分离。这两种类型之间从来不存在自动转换，这两种类型之间的比较计算结果为 False，任何将字节和文本混合在一起的操作都会导致错误。例如：

```
a = b'hello'       # 字节
b = 'hello'        # 文本
c = 'world'        # 文本

print(a == b)      # -> False
d = a + c          # TypeError: can't concat str to bytes
e = b + c          # -> 'helloworld'（两者都是字符串）
```

在执行 I/O 时，请确保使用正确的数据表示形式。如果要操作文本，使用文本字符串。如果要操作二进制数据，则使用字节。

9.2　文本编码和解码

如果使用文本，则必须对从输入读取的所有数据进行解码，并对写入输出的所有数据进行编码。对于文本和字节之间的显式转换，文本和字节对象上分别有 encode(text [, errors])和 decode(bytes [, errors])方法。例如：

```
a = 'hello'            # 文本
b = a.encode('utf-8')  # 编码到字节
c = b'world'           # 字节
d = c.decode('utf-8')  # 解码到文本
```

encode()和 decode()都需要一个编码名称，如'utf-8'或'latin-1'。表 9.1 列出了常见的编码。

表 9.1　常见的编码

编码名称	描　　述
'ascii'	范围为[0x00, 0x7f]的字符值
'latin1'	范围为[0x00, 0xff]的字符值。也被称作'iso-8859-1'
'utf-8'	表示所有 Unicode 字符的变长编码
'cp1252'	Windows 上常见的文本编码
'macroman'	Macintosh 上常见的文本编码

此外，编码方法接受一个可选的 errors 参数，该参数指定出现编码错误时的行为，它是表 9.2 中的值之一。

表 9.2　错误处理选项

值	描　　述
'strict'	针对编码和解码错误抛出 UnicodeError 异常（缺省）
'ignore'	忽略无效字符
'replace'	用替换字符（Unicode 中的 U+FFFD，字节中的 b'?'）来替换无效字符
'backslashreplace'	用 Python 字符转义序列替换每个无效字符。例如，用'\u1234'替换字符 U+1234(仅针对编码)
'xmlcharrefreplace'	用 XML 字符引用替换每个无效字符。例如，用'ሴ'替换字符 U+1234（仅针对编码)
'surrogateescape'	在解码时用 U+DChh 替换任一无效字节'\xhh'，在编码时用字节'\xhh'替换 U+DChh

'backslashreplace'和'xmlcharrefreplace'错误策略将不可表示的字符视作简单 ASCII 文本或 XML 字符引用，以呈现不可表示的字符。这对于调试非常有用。

'surrogateescape'错误处理策略允许退化的字节数据（不遵循预期编码规则的数据），不管使用的文本编码是什么，在往返的解码/编码循环中都保持完好无损。具体来说，就像这样：s.decode(enc, 'surrogateescape').encode(enc, 'surrogateescape') == s。往返的数据维持对于某些类型的系统接口很有用，这些接口需要一种文本编码，但因为超出控制能力，Python 并不能保证这种文本编码不会出错。此时，Python 并未使用不合适的编码来破坏数据，而是使用替代编码"按原样"嵌入数据。下面是一个使用非法编码的 UTF-8 字符串的行为示例：

```
>>> a = b'Spicy Jalape\xf1o'    # 非法 UTF-8
>>> a.decode('utf-8')
Traceback (most recent call last):
  File "<stdin>", line 1, in <module>
UnicodeDecodeError: 'utf-8' codec can't decode byte 0xf1
in position 12: invalid continuation byte
```

```
>>> a.decode('utf-8', 'surrogateescape')
'Spicy Jalape\udcf1o'
>>> # 将结果字符串编码回字节
>>> _.encode('utf-8', 'surrogateescape')
b'Spicy Jalape\xf1o'
>>>
```

9.3　文本和字节格式化

处理文本和字节字符串时的一个常见问题是字符串转换和格式化，例如，将浮点数转换为具有给定宽度和精度的字符串。要格式化单个值，可以使用 format()函数：

```
x = 123.456
format(x, '0.2f')      # '123.46'
format(x, '10.4f')     # '  123.4560'
format(x, '<*10.2f')   # '123.46****'
```

format() 的第二个参数是一个格式说明符。说明符的一般格式是 [[fill[align]][sign][0][width][,][.precision][type],其中[]中包含的每个部件都是可选的。width 指定要使用的最小字段宽度。字段中的 align 指示符是<、>或^ 中的一种，分别对应左对齐、右对齐和居中对齐。可选的填充字符 fill 用于填充空格。例如：

```
name = 'Elwood'
r = format(name, '<10')    # r = 'Elwood    '
r = format(name, '>10')    # r = '    Elwood'
r = format(name, '^10')    # r = '  Elwood  '
r = format(name, '*^10')   # r = '**Elwood**'
```

type 说明符指示数据的类型。表 9.3 列出了支持的格式代码。如果没有提供，缺省的格式代码如下：s 用于表示字符串，d 用于表示整数，f 用于表示浮点数。

表 9.3　格式代码

字　　符	输出格式
d	十进制整数或长整数
b	二进制整数或长整数
o	八进制整数或长整数
x	十六进制整数或长整数
X	十六进制整数（大写）
f、F	浮点数，[-]m.dddddd

续表

字　　符	输出格式
e	浮点数，[-]m.dddddde±xx
E	浮点数，[-]m.dddddE±xx
g、G	对于小于[nd]4 或大于精度的指数，使用 e 或 E；否则使用 f
n	与 g 相同（不同之处在于，由当前区域设置确定小数点字符）
%	将一个数字乘 100，并使用后跟%符号的 f 格式显示它
s	字符串或任意对象。格式化代码使用 str()生成字符串
c	单一字符

格式说明符的符号部分是+、-或空格中的一个。+表示所有数字都要使用前导符号。-是缺省值，仅为负数添加一个负号字符。空格将为正数添加上前导空格。

宽度和精度之间可以出现一个可选的逗号（,）。这将添加一个千位分隔符。例如：

```
x = 123456.78
format(x, '16,.2f')    # '      123,456.78'
```

说明符的 precision 部分提供小数的精确位数。如果前导 0 添加到了数字的 width 字段，数字值将用前导 0 填充空间。下面是一些格式化不同类型数字的例子：

```
x = 42
r = format(x, '10d')      # r = '        42'
r = format(x, '10x')      # r = '        2a'
r = format(x, '10b')      # r = '    101010'
r = format(x, '010b')     # r = '0000101010'

y = 3.1415926
r = format(y, '10.2f')    # r = '      3.14'
r = format(y, '10.2e')    # r = '   3.14e+00'
r = format(y, '+10.2f')   # r = '     +3.14'
r = format(y, '+010.2f')  # r = '+000003.14'
r = format(y, '+10.2%')   # r = '   +314.16%'
```

对于更复杂的字符串格式化，可以使用 f-string：

```
x = 123.456
f'Value is {x:0.2f}'       # 'Value is 123.46'
f'Value is {x:10.4f}'      # 'Value is   123.4560'
f'Value is {2*x:*<10.2f}'  # 'Value is 246.91****'
```

在 f-string 中，格式为{expr:spec}的文本被 format(expr, spec)的值取代。expr 可以是任意的表达式，只要它不包含{、}或\字符。格式说明符本身的某些部分可以由其他表达式提供。例如：

```
y = 3.1415926
width = 8
precision=3
r = f'{y:{width}.{precision}f}'    # r = '   3.142'
```

如果 expr 后接=，则 expr 的字面文本也会包含在结果中。例如：

```
x = 123.456
f'{x:0.2f}'       # 'x=123.46'
f'{2*x=:0.2f}'    # '2*x=246.91'
```

如果将!r 追加到一个值，格式化会作用于 repr()的输出。如果使用!s，格式化会作用于 str()的输出。例如：

```
f'{x!r:spec}'     # 调用 (repr(x).__format__('spec'))
f'{x!s:spec}'     # 调用 (str(x).__format__('spec'))
```

作为 f-string 的替代方法，可以使用字符串的.format()方法：

```
x = 123.456
'Value is {:0.2f}'.format(x)          # 'Value is 123.46'
'Value is {0:10.2f}'.format(x)        # 'Value is   123.4560'
'Value is {val:<*10.2f}'.format(val=x)  # 'Value is 123.46****'
```

对于.format()格式化的字符串，形式为{arg:spec}的文本将被 format(arg, spec)的值替换。在这里，arg 指向 format()方法的一个参数。如果{arg:spec}中的 arg 完全省略，则.format()按顺序接受参数。例如：

```
name = 'IBM'
shares = 50
price = 490.1

r = '{:>10s} {:10d} {:10.2f}'.format(name, shares, price)
# r = '       IBM         50     490.10'
```

arg 还可以引用特定的参数编号或名称。例如：

```
tag = 'p'
text = 'hello world'

r = '<{0}>{1}</{0}>'.format(tag, text)     # r = '<p>hello world</p>'
r = '<{tag}>{text}</{tag}>'.format(tag='p', text='hello world')
```

与 f-string 不同，说明符的 arg 值不能是任意的表达式，所以它不太有表现力。但是，format()方法可以执行有限的特性查找、索引和嵌套替换。例如：

```
y = 3.1415926
```

```
width = 8
precision=3

r = 'Value is {0:{1}.{2}f}'.format(y, width, precision)

d = {
    'name': 'IBM',
    'shares': 50,
    'price': 490.1
}
r = '{0[shares]:d} shares of {0[name]} at {0[price]:0.2f}'.format(d)
# r = '50 shares of IBM at 490.10'
```

bytes 和 **bytearray** 实例可以使用%运算符进行格式化。这个运算符的语义模仿了
C 语言中的 sprintf()函数。下面是一些例子：

```
name = b'ACME'
x = 123.456

b'Value is %0.2f' % x              # b'Value is 123.46'
bytearray(b'Value is %0.2f') % x   # b'Value is 123.46'
b'%s = %0.2f' % (name, x)          # b'ACME = 123.46'
```

使用这种格式化，一系列的 **%spec** 形式将依序替换为元组中的值，这个元组作为%
运算符的第二个操作数。基本格式代码（d、f、s 等）与 format()函数所用的格式代码
相同。然而，对于这种格式化，更高级的功能要么没有，要么稍有改变。例如，要调整
对齐方式，可以像这样使用-字符：

```
x = 123.456
b'%10.2f' % x    # b'   123.46'
b'%-10.2f' % x   # b'123.46   '
```

使用格式代码 **%r** 会产生 ascii()的输出，这在调试和日志记录中非常有用。

在使用字节时，请注意文本字符串是不被支持的。文本字符串需要显式编码。

```
name = 'Dave'
b'Hello %s' % name                 # TypeError!
b'Hello %s' % name.encode('utf-8') # Ok
```

这种形式也可以用于文本字符串，但它被认为是一种较老的编程风格。然而，它仍
然出现在某些库中。例如，logging 模块产生的消息就是以这种方式格式化的：

```
import logging
log = logging.getLogger(__name__)
```

```
log.debug('%s got %d', name, value)    # '%s got %d' % (name, value)
```

本章后面的 9.15.12 节将简要介绍 **logging** 模块。

9.4   读取命令行选项

当 Python 启动时，命令行选项作为一个个文本字符串被放置在列表 **sys.argv** 中。第一项是程序名称。后续项是添加在命令行程序名称之后的选项。下面的程序是手工处理命令行参数的最小原型：

```
def main(argv):
    if len(argv) != 3:
        raise SystemExit(f'Usage : python {argv[0]} inputfile outputfile\n')
    inputfile = argv[1]
    outputfile = argv[2]
    ...

if __name__ == '__main__':
    import sys
    main(sys.argv)
```

为了更好地组织代码、测试及类似原因，最好编写一个专门的 **main()** 函数，该函数接受命令行选项（如果有的话）作为列表，而不是直接读取 **sys.argv**。在程序的末尾包含一小段代码，将命令行选项传递给 **main()** 函数。

sys.argv[0] 包含当前执行脚本的名称。编写描述性帮助消息并抛出 SystemExit，对于希望报告错误的命令行脚本来说是标准实践。

虽然在简单的脚本中，可以手动处理命令选项，但请考虑使用 argparse 模块进行更复杂的命令行处理。下面是一个例子：

```
import argparse

def main(argv):
    p = argparse.ArgumentParser(description="This is some program")

    # 位置参数
    p.add_argument("infile")

    # 一个带有参数的选项
    p.add_argument("-o", "--output", action="store")

    # 设置布尔值标志的选项
```

```
    p.add_argument("-d", "--debug", action="store_true", default=False)

    # 解析命令行
    args = p.parse_args(args=argv)

    # 检索选项设置
    infile = args.infile
    output = args.output
    debugmode = args.debug

    print(infile, output, debugmode)

if __name__ == '__main__':
    import sys
    main(sys.argv[1:])
```

这个例子只展示了 argparse 模块最简单的用法。标准库文档提供了更高级的用法。还有一些第三方模块，比如 click 和 docopt，可以简化更复杂的命令行解析程序的编写。

最后，命令行选项可能以无效的文本编码提供给 Python。这样的参数仍然被接受，但这些参数将使用'surrogateescape'错误处理策略进行编码，如 9.2 节所述。如果以后在任何类型的文本输出中包含此类参数，则需要注意到无效文本编码的问题，并且避免崩溃至关重要。不过，这可能并不重要——不要为无关紧要的边缘情况过度复杂化代码。

9.5 环境变量

有时数据通过命令 shell 中设置的环境变量传递给程序。例如，一个 Python 程序可以使用 shell 命令（比如 env）启动：

```
bash $ env SOMEVAR=somevalue python3 somescript.py
```

环境变量在映射 os.environ 中作为文本字符串被访问。这里有一个例子：

```
import os
path = os.environ['PATH']
user = os.environ['USER']
editor = os.environ['EDITOR']
val = os.environ['SOMEVAR']
... etc. ...
```

如果需要修改环境变量，请设置 `os.environ` 变量。例如：

```
os.environ['NAME'] = 'VALUE'
```

修改 `os.environ` 同时影响正在运行的程序和随后创建的任何子进程——例如，由 `subprocess` 模块创建的子进程。

与命令行选项一样，编码错误的环境变量可能会产生使用 `'surrogateescape'` 错误处理策略的字符串。

9.6　文件和文件对象

要打开一个文件，可以使用内置的 `open()` 函数。通常，会传给 `open()` 一个文件名和一个文件模式。`open()` 还经常与 `with` 语句结合使用，作为上下文管理器。以下是处理文件的一些常见使用模式：

```
# 一次性读取文本文件的所有内容，并将这些内容作为一个字符串
with open('filename.txt', 'rt') as file:
    data = file.read()

# 采用逐行方式读取文件
with open('filename.txt', 'rt') as file:
    for line in file:
        ...

# 写入一个文本文件
with open('out.txt', 'wt') as file:
    file.write('Some output\n')
    print('More output', file=file)
```

在大多数情况下，使用 `open()` 是一件简单的事情。给它指定要打开的文件名以及文件模式就可以了。例如：

```
open('name.txt')           # 为读取打开"name.txt"
open('name.txt', 'rt')     # 为读取打开"name.txt"（与上条代码一样）
open('name.txt', 'wt')     # 为写入打开"name.txt"
open('data.bin', 'rb')     # 二进制模式读取
open('data.bin', 'wb')     # 二进制模式写入
```

对于大多数程序，只需要知道这些简单的例子，就可以使用文件。但是，`open()` 还有许多应了解的特殊情况和更深奥的特性。接下来的几节将深入讨论 `open()` 和文件 I/O。

9.6.1 文件名称

要打开文件，需要给 open()提供文件名。该名称可以是完全限定的绝对路径名，比如 '/Users/guido/Desktop/files/old/data.csv'，也可以是相对路径名，比如 'data.csv'或'..\old\data.csv'。对于相对文件名，文件位置是相对于 os.getcwd()返回的当前工作目录来确定的。当前工作目录可以用 os.chdir(newdir)来改变。

文件名称本身可以以多种形式编码。如果文件名是文本字符串，则在将文件名传递给主机操作系统之前，将根据 sys.getfilesystemencoding()返回的文本编码对其进行解析。如果文件名是字节字符串，则不进行编码并按原样传递。如果正在编写必须处理退化或错误编码文件名可能性的程序，而非将文件名作为文本传递，则后一个选项可能很有用，可以传递名称的原始二进制表示。这看起来像一种模糊的边缘情况，但 Python 通常用于编写处理文件系统的系统级脚本。滥用文件系统是黑客用来隐藏踪迹或破坏系统工具的一种常见技术。

除了文本和字节，实现特殊方法__fspath__()的任何对象都可以用作名称。__fspath__()方法必须返回一个与实际名称对应的文本或字节对象。对__fspath__()的使用，是保障像 pathlib 这样的标准库模块正常工作的机制。例如：

```
>>> from pathlib import Path
>>> p = Path('Data/portfolio.csv')
>>> p.__fspath__()
'Data/portfolio.csv'
>>>
```

在可能的情况下，可以创建与 open()一起工作的自定义 Path 对象（只要该对象实现了__fspath__()，且__fspath__()在系统上解析了正确的文件名）。

最后，文件名可以作为低级的整数文件描述符给出。这要求"文件"已经以某种方式在系统上打开。"文件"可能对应于网络套接字、管道或公开了文件描述符的其他系统资源。这里有一个例子，直接使用 os 模块打开文件，然后再转换为适当的文件对象：

```
>>> import os
>>> fd = os.open('/etc/passwd', os.O_RDONLY)        # 整型 fd
>>> fd
3
>>> file = open(fd, 'rt')                           # 适当的文件对象
>>> file
<_io.TextIOWrapper name=3 mode='rt' encoding='UTF-8'>
>>> data = file.read()
>>>
```

当像这样打开一个已有的文件描述符时，返回文件的 `close()`方法也将关闭底层的描述符。可以通过将 `closefd=False` 传递给 `open()`来禁止这么做。例如：

```
file = open(fd, 'rt', closefd=False)
```

9.6.2 文件模式

在打开文件时，需要指定文件模式。核心的文件模式如下：`'r'`用于读取，`'w'`用于写入，`'a'`用于追加。`'w'`模式用新内容替换任何现有文件。`'a'`打开一个文件进行写入，并将文件指针定位到文件的末尾，以便追加新的数据。

可以使用特殊文件模式`'x'`来写入文件，但前提是该文件不存在。这是防止意外覆盖现有数据的有效方法。对于此模式，如果文件已经存在，则会抛出 `FileExistsError`异常。

Python 严格区分了文本和二进制数据。要指定数据的类型，可以在文件模式后追加一个`'t'`或一个`'b'`。例如，`'rt'`文件模式以文本模式打开文件进行读取，`'rb'`以二进制模式打开文件进行读取。该模式确定文件相关方法（如 `f.read()`）返回的数据类型。在文本模式下，返回字符串。在二进制模式下，返回字节。

通过提供一个加号（+）字符，如`'rb+'`或`'wb+'`，可以打开二进制文件进行就地更新。打开文件进行更新时，可以同时执行输入和输出，只要所有输出操作在任何后续输入操作之前刷新输出操作的数据。如果一个文件使用`'wb+'`模式打开，它的长度首先被截断为零。更新模式的一个常见用途是，结合查找操作对文件内容进行随机读/写访问。

9.6.3 I/O 缓冲

在缺省情况下，文件打开时启用 I/O 缓冲。有了 I/O 缓冲，I/O 操作在更大的块中执行，以避免过多的系统调用。例如，写入操作填充内部的内存缓冲区，而输出实际上只会在缓冲区填满时才发生。可以通过给 `open()`提供一个缓冲（`buffering`）参数来改变这种行为。例如：

```
# 打开一个二进制模式文件, 不用 I/O 缓冲

with open('data.bin', 'wb', buffering=0) as file:
    file.write(data)
    ...
```

`0` 表示未缓存 I/O，仅对二进制模式文件有效。值 **1** 指定行缓冲，通常只对文本模式文件有意义。其他任何正值表示要使用的缓冲区大小（以字节为单位）。如果没有指定缓

冲值，则缺省行为取决于文件的类型。如果文件是磁盘上的普通文件，缓冲区以块的形式管理，缓冲区大小设置为 `io.DEFAULT_BUFFER_SIZE`，通常是 4096 字节的小倍数（可能因系统而异）。如果文件表示交互式终端，则使用行缓冲。

对于普通程序，I/O 缓冲通常不是主要问题。但是，缓冲区可能会对进程间通信比较活跃的应用程序产生影响。例如，有时一个内部缓冲区问题会造成两个通信的子进程发生死锁——比如，一个进程写入缓冲区，但接收者永远不会看到数据，因为缓冲区没有刷新。这样的问题可以通过指定无缓冲 I/O 或对相关文件显式调用 `flush()` 来修复。例如：

```
file.write(data)
file.write(data)
...
file.flush()     # 确保缓冲区的所有数据都写入了
```

9.6.4　文本模式编码

对于以文本模式打开的文件，可以使用 encoding 和 errors 参数来指定可选的编码和错误处理策略。例如：

```
with open('file.txt', 'rt',
          encoding='utf-8', errors='replace') as file:
    data = file.read()
```

`encoding` 和 `errors` 的值与字符串的 `encode()` 方法和字节的 `decode()` 方法的参数值含义相同。

缺省的文本编码由 `sys.getdefaultencoding()` 的值决定，并且可能因系统而异。如果事先知道编码，那么即使它恰好与系统缺省编码相匹配，也最好显式提供编码。

9.6.5　文本模式行处理

对于文本文件，一个复杂的问题是换行字符的编码。换行符编码为 `'\n'`、`'\r\n'` 或 `'\r'`，这取决于主机操作系统——例如，UNIX 上是 `'\n'`，Windows 上是 `'\r\n'`。缺省情况下，Python 在读取时将所有这些行尾转换为标准的 `'\n'` 字符。写入时，换行符转换回系统上使用的缺省行结束符。这种行为在 Python 文档中有时被称为"通用换行模式"。

给 `open()` 提供一个 `newline` 参数，可以改变换行行为。例如：

```
# 明确要求'\r\n', '\r\n'组合不可分拆
file = open('somefile.txt', 'rt', newline='\r\n')
```

指定 newline=None 会启用缺省的行处理行为，所有行结束符都被转换为标准的 '\n'字符。newline=''使 Python 能够识别所有的行结束符，但禁用转换步骤——如果行结束符为'\r\n'，'\r\n'组合将完整地留在输入中。指定'\n'、'\r'或'\r\n'值，使其成为预期的行结束符。

9.7　I/O 抽象层

open()函数作为一种高级工厂函数，用于创建不同 I/O 类的实例。这些 I/O 类包含不同的文件模式、编码和缓冲行为，其也是按层构成的。以下类是在 **io** 模块中定义的。

```
FileIO(filename, mode='r', closefd=True, opener=None)
```

为原始未缓冲的二进制 I/O 打开一个文件。**filename** 是 **open()**函数接受的任何有效文件名。其他参数的含义与 **open()**相同。

```
BufferedReader(file [, buffer_size])
BufferedWriter(file [, buffer_size])
BufferedRandom(file [, buffer_size])
```

为文件实现缓冲的二进制 I/O 层。**file** 是 **FileIO** 的一个实例。**buffer_size** 指定要使用的内部缓冲区大小。类的选择取决于文件是读、写还是更新数据。可选参数 **buffer_size** 指定使用的内部缓冲区大小。

```
TextIOWrapper(buffered, [encoding, [errors [, newline [, line_buffering [,
            write_through]]]]])
```

实现文本模式 I/O。**buffered** 是一个缓冲的二进制模式文件，如 **BufferedReader** 或 **BufferedWriter**。**encoding**、**errors** 和 **newline** 参数的含义与 **open()**相同。**line_buffering** 是一个布尔型标志，强制在换行字符处刷新 I/O（缺省值为 **False**）。**write_through** 也是一个布尔型标志，强制刷新所有写操作（缺省值为 **False**）。

下面的示例展示了如何逐层构造文本模式文件：

```
>>> raw = io.FileIO('filename.txt', 'r')            # 原始二进制模式
>>> buffer = io.BufferedReader(raw)                 # 二进制缓冲读取器
>>> file = io.TextIOWrapper(buffer, encoding='utf-8')    # 文本模式
>>>
```

通常无须手动构造这样的层——内置的 **open()**函数负责所有的工作。但是，如果已经有了一个现有的文件对象，并且希望以某种方式更改它的处理行为，则可以按如下所示操作层。

要剥离层，请使用文件的 detach() 方法。例如，下面演示了如何将一个文本模式文件转换为一个二进制模式文件：

```
f = open('something.txt', 'rt')      # 文本模式文件
fb = f.detach()                      # 分离出底层二进制模式文件
data = fb.read()                     # 返回字节
```

文件方法

open() 返回对象的确切类型取决于所提供的文件模式和缓冲选项的组合。然而，作为结果的文件对象均支持表 9.4 中的方法。

表 9.4　文件方法

方 法	描 述
f.readable()	如果文件可以读取，则返回 True
f.read([n])	最多读取 n 个字节
f.readline([n])	读取一行输入，最多读取 n 个字符。如果省略 n，该方法读取整行
f.readlines([size])	读取所有行并返回一个列表。size 可选地指定在停止之前读取文件的大约字符数
f.readinto(buffer)	将数据读入内存缓冲区
f.writable()	如果文件可以写入，则返回 True
f.write(s)	写入字符串 s
f.writelines(lines)	在可迭代 lines 中写入所有字符串
f.close()	关闭文件
f.seekable()	如果文件支持随机访问查找，则返回 True
f.tell()	返回当前文件指针
f.seek(offset [, where])	查找并到达一个新的文件位置
f.isatty()	如果 f 是交互式终端，则返回 True
f.flush()	刷新输出缓冲区
f.truncate([size])	将文件截断为最多 size 字节
f.fileno()	返回一个整数文件描述符

readable()、writable() 和 seekable() 方法测试支持的文件功能和模式。除非可选的长度参数指定了最大字符数，否则 read() 方法将整个文件作为字符串返回。readline() 方法返回接续的输入行，包括终止的换行符；readlines() 方法将所有输入行作为字符串列表返回。readline() 方法可选地接受最大行长度 n。如果读取的行长于 n 个字符，则返回前 n 个字符。剩余的行数据不会被丢弃，将在后续读取操作中返回。

readlines()方法接受一个 size 参数，该参数指定在停止之前要读取的大致字符数。实际读取的字符数可能大于此值，这具体取决于已经缓冲了多少数据。readinto()方法用于避免内存复制，稍后讨论。

read()和 readline()通过返回一个空字符串来指示文件结束（EOF）。因此，以下代码展示如何检测 EOF 条件：

```
while True:
    line = file.readline()
    if not line:     # EOF
        break
    statements
    ...
```

也可以这样写：

```
while (line:=file.readline()):
    statements
    ...
```

一种读取文件中所有行的便捷方法是使用带有 for 循环的迭代：

```
for line in file:      # 遍历文件中的所有行
    # 处理每行
    ...
```

write()方法将数据写入文件，而 writelines()方法将可迭代字符串写入文件。write()和 writelines()不会在输出中添加换行符，因此生成的所有输出在之前都应该已经包含了所有必要的格式。

在内部，每个打开的文件对象都保存一个文件指针，该指针存储下一次读取或写入操作将发生的字节偏移量。tell()方法返回文件指针的当前值。seek(offset[,whence])方法用于在给定整数偏移量和位置规则的情况下随机访问文件的各个部分。如果 whence 是 os.SEEK_SET（缺省值），seek()会假定偏移量是相对于文件开头的；如果 whence 是 os.SEEK_CUR，则相对于当前位置来移动位置；如果 whence 是 os.SEEK_END，则偏移量取于文件末尾。

fileno()方法返回文件的整数文件描述符，有时用于某些库模块中的低级 I/O 操作。例如，fcntl 模块使用文件描述符在 UNIX 系统上提供低级文件控制操作。

readinto()方法用于执行零复制 I/O 操作，将数据复制进连续的内存缓冲区。它常与 numpy 等专用库结合使用，例如，将数据直接读取到为数值数组分配的内存中。

文件对象还具有表 9.5 所示的只读数据特性。

表 9.5 文件特性

特　性	描　述
f.closed	布尔值，表示文件状态：如果文件打开，为 False；如果文件关闭，则为 True
f.mode	文件的 I/O 模式
f.name	使用 open()所创建文件的名称。或者是一个指示文件源的字符串
f.newlines	在文件中实际找到的换行表示。如果没有遇到换行符，则值为 None，不然就是包含'\n'、'\r'或'\r\n'的字符串，或是一个元组（元组包含了找到的所有不同换行编码）
f.encoding	表示文件编码的字符串（例如，'latin-1'或'utf - 8'）。如果不使用编码，该值为 None
f.errors	错误处理策略
f.write_through	布尔值，指示在写入文本文件时，是否直接将数据传递到底层二进制级别文件，而不进行缓冲

9.8　标准输入、输出和错误

解释器提供了 3 个标准的类文件对象，即标准输入、标准输出和标准错误，分别以 sys.stdin、sys.stdout 和 sys.stderr 的形式提供。stdin 文件对象对应提供给解释器的输入字符流，stdout 文件对象接收 print()产生的输出，stderr 是接收错误消息的文件。通常情况下，stdin 映射到用户的键盘，而 stdout 和 stderr 在屏幕上生成文本。

9.7 节中描述的方法可用于与用户执行 I/O 交互。例如，以下代码写入标准输出并从标准输入读取一行输入：

```
import sys

sys.stdout.write("Enter your name: ")
name = sys.stdin.readline()
```

或者，内置函数 input(prompt)可以从 stdin 读取一行文本，并可选地打印一个提示符：

```
name = input("Enter your name: ")
```

input()读取的行不包括尾随换行符。这与直接从 sys.stdin 读取不同，sys.stdin 的输入文本中包含换行符。

如有必要，可以用其他文件对象替换 sys.stdout、sys.stdin 和 sys.stderr 的值，在这种情况下 print()和 input()函数将使用新值。如果有必要恢复 sys.stdout

的原始值，则应该事先保存原始值。解释器启动时，sys.stdout、sys.stdin 和 sys.stderr 的原始值也分别在 sys.__stdout__、sys.__stdin__和 sys.__stderr__ 中可用。

9.9 目录

要获取目录列表，请使用 os.listdir(pathname)函数。例如，这是如何打印出目录中文件名列表的代码：

```
import os

names = os.listdir('dirname')
for name in names:
    print(name)
```

listdir()返回的名称通常根据 sys.getfilesystemencoding()返回的编码进行解码。如果将初始路径指定为字节，则文件名将作为未解码的字节字符串返回。例如：

```
import os

# 返回未解码的原始名称
names = os.listdir(b'dirname')
```

与目录列表相关的一个有用操作是根据模式匹配文件名，这被称为通配（globbing）。pathlib 模块可用于此目的。例如，下面是匹配特定目录中所有*.txt 文件的示例：

```
import pathlib

for filename in path.Path('dirname').glob('*.txt'):
    print(filename)
```

如果使用 rglob()而不是 glob()，rglob()将递归搜索所有子目录，以查找与该模式匹配的文件名。glob()和 rglob()函数都返回一个生成器，该生成器通过迭代生成文件名。

9.10 print()函数

要打印一系列由空格分隔的值，请将它们全部提供给 print()，如下所示：

```
print('The values are', x, y, z)
```

要取消或更改行结束符，使用 end 关键字参数：

```
# 阻止换行

print('The values are', x, y, z, end='')
```

要将输出重定向到文件，使用 file 关键字参数：

```
# 重定向到文件对象 f

print('The values are', x, y, z, file=f)
```

要更改项目之间的分隔符，请使用 sep 关键字参数：

```
# 在值之间添加逗号

print('The values are', x, y, z, sep=',')
```

9.11　生成输出

程序员最熟悉的是直接使用文件。然而，也可以使用生成器函数，将 I/O 流作为一系列的数据片段发出。为此，可以像使用 write() 或 print() 函数一样使用 yield 语句。这里有一个例子：

```
def countdown(n):
    while n > 0:
        yield f'T-minus {n}\n'
        n -= 1
    yield 'Kaboom!\n'
```

以这种方式生成输出流提供了灵活性，因为这个代码与实际将流定向到预期目的地的代码相互解耦。例如，如果希望将上述输出流转到文件 f，可以这样做：

```
lines = countdown(5)
f.writelines(lines)
```

相反，假设希望通过一个套接字 s 重定向输出，则可以这样做：

```
for chunk in lines:
    s.sendall(chunk.encode('utf-8'))
```

或者，如果只是想在一个字符串中捕获所有的输出，可以这样做：

```
out = ''.join(lines)
```

更高级的应用程序可以使用这种方法来实现它们自己的 I/O 缓冲。例如，一个生成器可能会发出文本小片段，但另一个函数会将这些片段收集到更大的缓冲区中，以创建更有效的单个 I/O 操作。

```
chunks = []
buffered_size = 0
for chunk in count:
    chunks.append(chunk)
    buffered_size += len(chunk)
    if buffered_size >= MAXBUFFERSIZE:
        outf.write(''.join(chunks))
        chunks.clear()
        buffered_size = 0
outf.write(''.join(chunks))
```

对于将输出流转到文件或网络连接的程序，生成器方法还可以显著减少内存使用，因为整个输出流通常可以在小片段中生成和处理，而不是首先收集到一个大的输出字符串或字符串列表。

9.12 消费输入

对于那些消费零碎输入的程序，增强的生成器可以用于解码协议和 I/O 的其他方面。下面是一个增强生成器的示例，它接收字节片段并将它们组装成行：

```
def line_receiver():
    data = bytearray()
    line = None
    linecount = 0
    while True:
        part = yield line
        linecount += part.count(b'\n')
        data.extend(part)
        if linecount > 0:
            index = data.index(b'\n')
            line = bytes(data[:index+1])
            data = data[index+1:]
            linecount -= 1
        else:
            line = None
```

在本例中，写了一个生成器来接收字节片段，该字节片段被收集到一个字节数组中。

如果字节数组包含换行符，则提取并返回一行；否则，返回 None。这里有一个例子，说明这段代码是如何工作的：

```
>>> r = line_receiver()
>>> r.send(None)      # 必要的第一步
>>> r.send(b'hello')
>>> r.send(b'world\nit ')
b'hello world\n'
>>> r.send(b'works!')
>>> r.send(b'\n')
b'it works!\n''
>>>
```

这种方法的一个有趣的副作用是，它外部化了获取输入数据必须执行的实际 I/O 操作。具体来说，line_receiver() 的实现完全不包含 I/O 操作！这意味着 line_receiver() 可以在不同的上下文中使用。例如，使用套接字的场景：

```
r = line_receiver()
data = None
while True:
    while not (line:=r.send(data)):
        data = sock.recv(8192)

    # 处理行
    ...
```

或者使用文件的场景：

```
r = line_receiver()
data = None
while True:
    while not (line:=r.send(data)):
        data = file.read(10000)

    # 处理行
    ...
```

甚至用在异步代码中：

```
async def reader(ch):
    r = line_receiver()
    data = None
    while True:
        while not (line:=r.send(data)):
            data = await ch.receive(8192)
```

```
    # 处理行
    ...
```

9.13 对象序列化

有时需要对对象的表征进行序列化，以便可以对对象进行网络传输，以及将其保存到文件或者存储在数据库中。一种方法是将数据转换为标准编码，如 JSON 或 XML。还有一种常用的特定于 Python 的数据序列化格式，即 Pickle 格式。

pickle 模块把对象序列化为字节流，以便在以后的时间点重建对象。pickle 的接口很简单，包括两个操作：dump()和 load()。例如，下面的代码将对象写入文件：

```
import pickle

obj = SomeObject()
with open(filename, 'wb') as file:
    pickle.dump(obj, file)    # 将对象保存到 file
```

要恢复对象，请使用：

```
with open(filename, 'rb') as file:
    obj = pickle.load(file)    # 恢复对象
```

pickle 使用的数据格式有自己的记录帧。因此，可以通过一个接一个地执行 dump()操作来保存一系列对象。要恢复这些对象，只需使用类似的 load()操作序列。

对于网络编程，通常使用 pickle 来创建字节编码的消息。为此，可以使用 dumps()和 loads()。这些函数处理字节字符串，而不是读/写文件。

```
obj = SomeObject()

# 将对象转换为字节
data = pickle.dumps(obj)
...
# 将字节转换回对象
obj = pickle.loads(data)
```

对于用户定义的对象来说，使用 pickle 时通常无须做什么特别的事情。但是，某些类型的对象不能被封包（pickle）。这些对象通常包含运行时状态（比如打开文件、线程、闭包、生成器等）。为了处理这些棘手的情况，类可以定义特殊方法__getstate__()和__setstate__()。

如果定义了__getstate__()方法，该方法将被调用，以创建一个表示对象状态的值。__getstate__()返回的值通常是字符串、元组、列表或字典。__setstate__()方法在拆封（unpickling）期间接收__getstate__()返回的值，并应从该值恢复对象的状态。

当对对象进行编码时，pickle 不包含底层源代码本身。相反，它对定义类的名称引用进行编码。在拆封时，此名称用于在系统上执行源代码查找。要使拆封工作，封包的接收方必须已经安装了正确的源代码。同样重要的是，要强调 pickle 本身是不安全的，拆封不受信任的数据是远程代码执行的常见媒介。因此，只有在能够完全保护运行时环境的情况下，才能使用 pickle。

9.14　阻塞操作和并发

I/O 的一个基本方面是阻塞（blocking）的概念。就其本质而言，I/O 是连接到真实世界的。I/O 操作通常涉及等待输入或设备准备就绪。例如，在网络上读取数据的代码可能会对套接字执行接收操作：

```
data = sock.recv(8192)
```

当这个语句执行时，如果有数据可用，它可能会立即返回。但是，如果并非如此，它将停止并等待数据到达。这就是阻塞。当程序阻塞时，什么都不会继续。

对于数据分析脚本或简单程序，无须担心阻塞。然而，如果想要程序在一个操作阻塞时执行其他操作，则需要采取不同的方法。这是并发性的基本问题——让一个程序同时处理多个事务。一个常见的问题是，让一个程序同时读取两个或多个不同的网络套接字：

```python
def reader1(sock):
    while (data := sock.recv(8192)):
        print('reader1 got:', data)

def reader2(sock):
    while (data := sock.recv(8192)):
        print('reader2 got:', data)
```

```
# 问题：如何让 reader1()和 reader2()同时执行？
```

本节接下来的部分会概述此问题的几种解决方法，但这些内容并非关于并发性的完整教程。若想进一步了解并发的相关内容，则需要寻求其他资源的帮助。

9.14.1　非阻塞 I/O

避免阻塞的一种方法是使用所谓的非阻塞 I/O（nonblocking I/O）。这是一个必须明确启用的特殊模式——例如，在套接字上：

```
sock.setblocking(False)
```

一旦启用，如果操作阻塞，将引发异常。例如：

```
try:
    data = sock.recv(8192)
except BlockingIOError as e:
    # 无数据可用
    ...
```

作为对 BlockingIOError 的响应，程序可以选择处理其他东西。可以稍后重试 I/O 操作，以查看是否有数据到达。例如，下面是一次读取两个套接字的方法：

```
def reader1(sock):
    try:
        data = sock.recv(8192)
        print('reader1 got:', data)
    except BlockingIOError:
        pass


def reader2(sock):
    try:
        data = sock.recv(8192)
        print('reader2 got:', data)
    except BlockingIOError:
        pass


def run(sock1, sock2):
    sock1.setblocking(False)
    sock2.setblocking(False)
    while True:
        reader1(sock1)
        reader2(sock2)
```

在实践中，只依赖非阻塞 I/O 是笨拙和低效的。例如，这个程序的核心是最后的 run() 函数。它将在一个低效的繁忙循环中运行，因为它不断地尝试读取套接字。这是可行的，但不是一个好的设计。

9.14.2 I/O 轮询

可以轮询 I/O 通道来查看数据是否可用，而不是依赖异常和循环。`select` 或 `selectors` 模块可以用于此目的。例如，下面是对 run()函数稍加修改的版本：

```
from selectors import DefaultSelector, EVENT_READ, EVENT_WRITE

def run(sock1, sock2):
    selector = DefaultSelector()
    selector.register(sock1, EVENT_READ, data=reader1)
    selector.register(sock2, EVENT_READ, data=reader2)
    # 等待一些事情发生
    while True:
        for key, evt in selector.select():
            func = key.data
            func(key.fileobj)
```

在这段代码中，每当在对应的套接字上检测到 I/O 时，循环就把 reader1()或 reader2()函数作为回调来分派。`selector.select()`操作本身会阻塞，等待 I/O 发生。因此，与前面的例子不同，它不会让 CPU 高速旋转。

这种 I/O 方法是许多所谓的"async"框架（如 **asyncio**）的基础，尽管通常看不到事件循环的内部工作方式。

9.14.3 线程

在前两个示例中，并发需要使用一个特殊的 run()函数来驱动计算。作为一种替代方法，你可以使用线程编程以及 **threading** 模块。可以将线程看作在程序中运行的独立任务。下面的代码示例一次读取两个套接字上的数据：

```
import threading

def reader1(sock):
    while (data := sock.recv(8192)):
        print('reader1 got:', data)

def reader2(sock):
    while (data := sock.recv(8192)):
        print('reader2 got:', data)

t1 = threading.Thread(target=reader1, args=[sock1])
t2 = threading.Thread(target=reader2, args=[sock2])
```

```
# 启动线程
t1.start()
t2.start()

# 等待线程完成
t1.join()
t2.join()
```

在这个程序中，reader1() 和 reader2() 函数并发执行。这是由主机操作系统管理的，所以无须知道它是如何工作的。如果阻塞操作发生在一个线程中，它就不会影响另一个线程。

线程编程的主题，从完整角度上讲，超出了本书的讲解范畴。不过，本章后面的threading 模块部分提供了一些额外的例子。

9.14.4　使用 asyncio 并发执行

asyncio 模块提供了一个替代线程的并发实现。在内部，它基于使用 I/O 轮询的事件循环。但是，通过使用特殊的 async 函数，这种高级编程模型看起来非常类似于线程。下面是一个例子：

```python
import asyncio

async def reader1(sock):
    loop = asyncio.get_event_loop()
    while (data := await loop.sock_recv(sock, 8192)):
        print('reader1 got:', data)

async def reader2(sock):
    loop = asyncio.get_event_loop()
    while (data := await loop.sock_recv(sock, 8192)):
        print('reader2 got:', data)

async def main(sock1, sock2):
    loop = asyncio.get_event_loop()
    t1 = loop.create_task(reader1(sock1))
    t2 = loop.create_task(reader2(sock2))

    # 等待任务完成
    await t1
    await t2

...
```

```
# 运行
asyncio.run(main(sock1, sock2))
```

　　asyncio 用法的完整细节需要专门的图书来阐述。我们应该知道的是，许多库和框架都宣称支持异步操作。通常这意味着通过 asyncio 或类似模块来支持并发执行。大部分代码可能涉及异步函数和相关特性。

9.15　标准库模块

　　大量的标准库模块可用于各种 I/O 相关任务。本节提供常用模块的简要概述，并会给出一些示例。完整的参考资料可以在网上或 IDE 中找到，这里不再赘述。本节列出模块名称，通过与模块相关的常见编程任务示例，为读者指明正确的方向。

　　许多示例显示为交互式 Python 会话。在此，鼓励你多实验。

9.15.1　asyncio 模块

　　asyncio 模块使用 I/O 轮询和底层事件循环来支持并发 I/O 操作。它的主要应用是网络和分布式系统编程。下面是一个使用低级套接字的 TCP 回显服务器示例：

```
import asyncio
from socket import *

async def echo_server(address):
    loop = asyncio.get_event_loop()
    sock = socket(AF_INET, SOCK_STREAM)
    sock.setsockopt(SOL_SOCKET, SO_REUSEADDR, 1)
    sock.bind(address)
    sock.listen(5)
    sock.setblocking(False)
    print('Server listening at', address)
    with sock:
        while True:
            client, addr = await loop.sock_accept(sock)
            print('Connection from', addr)
            loop.create_task(echo_client(loop, client))

async def echo_client(loop, client):
    with client:
        while True:
            data = await loop.sock_recv(client, 10000)
            if not data:
```

```
                break
            await loop.sock_sendall(client, b'Got:' + data)
        print('Connection closed')

if __name__ == '__main__':
    loop = asyncio.get_event_loop()
    loop.create_task(echo_server(('', 25000)))
    loop.run_forever()
```

要测试此代码，请使用 nc 或 telnet 等程序连接到本机的 25000 端口。代码应该回
显所键入的文本。如果使用多个终端窗口进行多次连接，则会发现代码可以并发地处理
所有连接。

大多数使用 asyncio 的应用程序可能会在比套接字更高的级别上操作。然而在这样
的应用程序中，仍得使用特殊的 async 函数，并以某种方式与底层事件循环交互。

9.15.2 binascii 模块

binascii 模块具有将二进制数据转换为各种基于文本的表示形式的功能，如十六进
制和 base64，举例如下：

```
>>> binascii.b2a_hex(b'hello')
b'68656c6c6f'
>>> binascii.a2b_hex(_)
b'hello'
>>> binascii.b2a_base64(b'hello')
b'aGVsbG8=\n'
>>> binascii.a2b_base64(_)
b'hello'
>>>
```

类似的功能可以在 base64 模块以及 bytes 的 hex() 和 fromhex() 方法中找到。
例如：

```
>>> a = b'hello'
>>> a.hex()
'68656c6c6f'
>>> bytes.fromhex(_)
b'hello'
>>> import base64
>>> base64.b64encode(a)
b'aGVsbG8='
>>>
```

9.15.3　cgi 模块

假设我们只想在网站上放一个基本的表单。也许它是"Cats and Categories"每周时讯的注册表单。当然,我们可以安装最新的 Web 框架,然后把所有的时间都花在上面。或者,也可以写一个基本的 CGI 脚本——怀旧派风格。**cgi** 模块就是为此而设计的。

假设网页上有以下表单片段:

```
<form method="POST" action="cgi-bin/register.py">
  <p>
  To register, please provide a contact name and email address.
  </p>
  <div>
    <input name="name" type="text">Your name:</input>
  </div>
  <div>
    <input name="email" type="email">Your email:</input>
  </div>
  <div class="modal-footer justify-content-center">
    <input type="submit" name="submit" value="Register"></input>
  </div>
</form>
```

下面是在另一端接收表单数据的 CGI 脚本:

```
#!/usr/bin/env python
import cgi

try:
    form = cgi.FieldStorage()
    name = form.getvalue('name')
    email = form.getvalue('email')
    # 验证响应并执行任何操作
    ...
    # 生成 HTML 结果（或重定向）
    print("Status: 302 Moved\r")
    print("Location: https://www.mywebsite.com/thanks.html\r")
    print("\r")
except Exception as e:
    print("Status: 501 Error\r")
    print("Content-type: text/plain\r")
    print("\r")
    print("Some kind of error occurred.\r")
```

编写这样的 CGI 脚本能让程序员在互联网初创公司找到工作吗?可能不行。但它能解决实际问题吗？很有可能。

9.15.4 configparser 模块

INI 文件是一种通用格式，其以人类可读的形式来编码程序配置信息。下面是一个例子：

```
# config.ini

; 一行注释
[section1]
name1 = value1
name2 = value2

[section2]
; 替代语法
name1: value1
name2: value2
```

configparser 模块用于读取 .ini 文件并提取值。这里有一个基本的例子：

```
import configparser

# 创建配置解析器并读取文件
cfg = configparser.ConfigParser()
cfg.read('config.ini')

# 提取值
a = cfg.get('section1', 'name1')
b = cfg.get('section2', 'name2')
...
```

还可以使用更高级的功能，包括字符串插值特性、合并多个 .ini 文件的能力、提供缺省值等等。更多示例请参阅官方文档。

9.15.5 csv 模块

csv 模块可用于读/写 Microsoft Excel 等程序产生的或从数据库中导出的逗号分隔值文件（CSV 文件）。要使用它，请打开一个文件，然后给该文件包装一个额外的 CSV 编码/解码层。例如：

```
import csv
```

```python
# 将 CSV 文件读入元组列表
def read_csv_data(filename):
    with open(filename, newline='') as file:
        rows = csv.reader(file)
        # 第一行通常是标题，读取该标题
        headers = next(rows)
        # 现在读取剩余的数据
        for row in rows:
            # 对每行做一些操作
            ...

# 将 Python 数据写入 CSV 文件
def write_csv_data(filename, headers, rows):
    with open(filename, 'w', newline='') as file:
        out = csv.writer(file)
        out.writerow(headers)
        out.writerows(rows)
```

一种常用的便捷方法是使用 DictReader() 来代替。这时候将 CSV 文件的第一行解释为头，并将每一行返回为字典而不是元组。

```python
import csv

def find_nearby(filename):
    with open(filename, newline='') as file:
        rows = csv.DictReader(file)
        for row in rows:
            lat = float(rows['latitude'])
            lon = float(rows['longitude'])
            if close_enough(lat, lon):
                print(row)
```

csv 模块除了读取或写入 CSV 数据，对 CSV 数据没有做太多工作。csv 模块提供的主要好处是它知道如何正确地编码/解码数据，以及如何正确地处理涉及引号、特殊字符和其他细节的大量边界情况。csv 模块可以用来编写简单的脚本，以清理或准备用于其他程序的数据。如果希望使用 CSV 数据执行数据分析任务，则可以考虑使用第三方包，比如流行的 pandas 库。

9.15.6　errno 模块

每当系统级错误发生时，Python 就会报告一个异常，该异常是 OSError 的子类。一些更常见的系统错误是由 OSError 的单独子类表示的，如 PermissionError 或

FileNotFoundError。然而，在实践中可能会出现数百个其他错误。为此，任何 OSError 异常都携带一个可以被检查的数字 errno 特性。errno 模块提供了与这些错误码对应的符号常量。这些符号常量通常在编写专门的异常处理程序时使用。例如，这里有一个异常处理程序，它检查设备上没有剩余空间的情况：

```python
import errno

def write_data(file, data):
    try:
        file.write(data)
    except OSError as e:
        if e.errno == errno.ENOSPC:
            print("You're out of disk space!")
        else:
            raise     # 其他一些错误。传播出去
```

9.15.7 fcntl 模块

fcntl 模块使用 fcntl() 和 ioctl() 系统调用，在 UNIX 上执行低级的 I/O 控制操作。如果想执行任何类型的文件锁定（在并发和分布式系统的上下文中有时会面对这个问题），也可以使用这个模块。下面是一个使用 fcntl.flock() 在所有进程之间结合互斥锁打开文件的示例：

```python
import fcntl

with open("somefile", "r") as file:
    try:
        fcntl.flock(file.fileno(), fcntl.LOCK_EX)
        # 使用该文件
        ...
    finally:
        fcntl.flock(file.fileno(), fcntl.LOCK_UN)
```

9.15.8 hashlib 模块

hashlib 模块提供了用于计算加密哈希值的函数，比如 MD5 和 SHA-1。下面的例子演示了如何使用该模块：

```python
>>> h = hashlib.new('sha256')
>>> h.update(b'Hello')     # 提供数据
>>> h.update(b'World')
>>> h.digest()
```

```
b'\xa5\x91\xa6\xd4\x0b\xf4 @J\x01\x173\xcf\xb7\xb1\x90\xd6,e\xbf\x0b\xcd
\xa3+W\xb2w\xd9\xad\x9f\x14n'
>>> h.hexdigest()
'a591a6d40bf420404a011733cfb7b190d62c65bf0bcda32b57b277d9ad9f146e'
>>> h.digest_size
32
>>>
```

9.15.9 http 包

http 包有大量与 HTTP internet 协议底层实现相关的代码。它可以用于实现服务器和客户机。然而，这个包的大部分被认为是过时的，而且对于日常工作来说太低级了。很多 HTTP 开发者更喜欢使用第三方库，如 request、httpx、Django、flask 等等。

尽管如此，http 包中一个好用的"彩蛋"是让 Python 能够运行一个独立的 Web 服务器。进入一个存在一系列文件的目录，输入以下命令：

```
bash $ python -m http.server
Serving HTTP on 0.0.0.0 port 8000 (http://0.0.0.0:8000/) ...
```

现在，如果将 Python 指向正确的端口，则 Python 会把文件提供给浏览器。我们不会用这种方式来运行一个网站，但可以用它来测试和调试与网络相关的程序。例如，作者使用这种方式在本地测试混合使用 HTML、JavaScript 和 WebAssembly 的程序。

9.15.10 io 模块

io 模块主要包含 open()函数返回的文件对象的类定义实现。直接访问这些类并不常见。但是，该模块还包含两个类，它们对于以字符串和字节形式来"伪造"文件很有用。在需要提供一个"文件"却又以别的方式获取数据的应用程序及测试中，这种"伪造"将发挥作用。

StringIO()类在字符串的基础上提供了一个类似文件的接口。例如，下列代码展示了如何将输出写入字符串：

```
# 定义一个函数，其需要一个文件参数
def greeting(file):
    file.write('Hello\n')
    file.write('World\n')

# 用真实文件调用函数
with open('out.txt', 'w') as file:
    greeting(file)
```

```
# 用一个"伪造"文件调用函数
import io
file = io.StringIO()
greeting(file)

# 获得生成的输出
output = file.getvalue()
```

　　类似地，可以创建一个 **StringIO** 对象并使用它进行读取：

```
file = io.StringIO('hello\nworld\n')
while (line := file.readline()):
    print(line, end='')
```

　　BytesIO() 类的作用与 **StringIO()** 类似，但它用字节模拟二进制 I/O。

9.15.11　json 模块

　　json 模块可以对 JSON 格式的数据进行编码和解码，常用于微服务和 Web 应用程序的 API 中。其有两个转换数据的基本函数：**dumps()** 和 **loads()**。**dumps()** 接受一个 Python 字典，并将其编码为 JSON Unicode 字符串：

```
>>> import json
>>> data = { 'name': 'Mary A. Python', 'email': 'mary123@python.org' }
>>> s = json.dumps(data)
>>> s
'{"name": "Mary A. Python", "email": "mary123@python.org"}'
>>>
```

　　load() 函数的作用与此相反：

```
>>> d = json.loads(s)
>>> d == data
True
>>>
```

　　dumps() 和 **loads()** 函数都有很多选项，用来控制各种转换，以及与 Python 类实例进行交互。这超出了本节的讲解范畴，但是在官方文档中，大家可以获得大量的相关信息。

9.15.12　logging 模块

　　logging 模块是事实上的标准模块，用于报告程序诊断和打印风格的调试。它可以

将输出转到日志文件，并提供大量配置选项。一种普遍实践是编写代码来创建 Logger
实例，并像下面这样在其上发出消息：

```
import logging

log = logging.getLogger(__name__)

# 使用 logging 的函数
def func(args):
    log.debug("A debugging message")
    log.info("An informational message")
    log.warning("A warning message")
    log.error("An error message")
    log.critical("A critical message")

# logging 的配置（在程序启动时发生一次）
if __name__ == '__main__':
    logging.basicConfig(
        level=logging.WARNING,
        filename="output.log"
    )
```

根据严重程度的增加，有 5 个内置的日志级别。在配置日志记录系统时，可以指定
一个级别作为过滤器，只报告该级别或更严重级别的消息。日志记录提供了大量配置选
项，这些选项大多与日志消息的后台处理有关。在编写应用程序代码时，通常无须知道
这些，只需在给定的 Logger 实例上使用 debug()、info()、warning() 等类似方法。
任何特定配置都发生在程序启动期间的特定位置（比如 main() 函数或主代码块）。

9.15.13 os 模块

os 模块为常见的操作系统功能提供了一个轻便接口，这些功能通常与进程环境、文
件、目录、权限等相关。编程接口严格遵循 C 编程和 POSIX 等标准。

实际上，这个模块的大部分功能可能太低级了，不适合直接用在平时的应用程序中。
但是，如果你曾经遇到过一些费解的低级系统操作（例如，打开 TTY）问题，那么很可
能会在这里找到合适的功能。

9.15.14 os.path 模块

os.path 模块是一个过时的模块，其在文件系统上操作路径名和执行常见操作。它
的功能已经在很大程度上被更新的 pathlib 模块所取代，但是由于它的使用仍然如此广

泛，因此我们能在很多代码中看到它。

此模块解决了一个基本问题，那就是便捷地处理了路径分隔符——UNIX 的正斜杠/
和 Windows 的反斜杠\。os.path.split()和 os.path.join()函数通常用于文件路径的
分隔及重组：

```
>>> filename = '/Users/beazley/Desktop/old/data.csv'
>>> os.path.split()
('/Users/beazley/Desktop/old', 'data.csv')
>>> os.path.join('/Users/beazley/Desktop', 'out.txt')
'/Users/beazley/Desktop/out.txt'
>>>
```

下面是使用这些函数的代码示例：

```
import os.path

def clean_line(line):
    # 整理一行内容（任意内容）
    return line.strip().upper() + '\n'

def clean_data(filename):
    dirname, basename = os.path.split()
    newname = os.path.join(dirname, basename+'.clean')
    with open(newname, 'w') as out_f:
        with open(filename, 'r') as in_f:
            for line in in_f:
                out_f.write(clean_line(line))
```

os.path 模块还有许多函数，比如 isfile()、isdir()和 getsize()，它们对文
件系统执行测试，以及获取文件的元数据。以下示例函数返回一个简单文件或目录中所
有文件的总大小（以字节为单位）：

```
import os.path

def compute_usage(filename):
    if os.path.isfile(filename):
        return os.path.getsize(filename)
    elif os.path.isdir(filename):
        return sum(compute_usage(os.path.join(filename, name))
                for name in os.listdir(filename))
    else:
        raise RuntimeError('Unsupported file kind')
```

9.15.15 pathlib 模块

pathlib 模块以便捷高级的现代方式操作路径名。它集中了大量面向文件的功能，并使用面向对象的接口。核心对象是 Path 类。例如：

```
from pathlib import Path

filename = Path('/Users/beazley/old/data.csv')
```

一旦有了 Path 的实例 filename，就可以对 filename 执行各种操作。例如：

```
>>> filename.name
'data.csv'
>>> filename.parent
Path('/Users/beazley/old')
>>> filename.parent / 'newfile.csv'
Path('/Users/beazley/old/newfile.csv')
>>> filename.parts
('/', 'Users', 'beazley', 'old', 'data.csv')
>>> filename.with_suffix('.csv.clean')
Path('/Users/beazley/old/data.csv.clean')
>>>
```

Path 实例还拥有各种获取文件元数据、获取目录清单和其他类似功能的函数。下面是前面 compute_usage() 函数的重新实现：

```
import pathlib

def compute_usage(filename):
    pathname = pathlib.Path(filename)
    if pathname.is_file():
        return pathname.stat().st_size
    elif pathname.is_dir():
        return sum(path.stat().st_size
                   for path in pathname.rglob('*')
                   if path.is_file())
        return pathname.stat().st_size
    else:
        raise RuntimeError('Unsupported file kind')
```

9.15.16 re 模块

re 模块使用正则表达式进行文本匹配、搜索和替换操作。这里有一个简单的例子：

```
>>> text = 'Today is 3/27/2018. Tomorrow is 3/28/2018.'
>>> # 找到所有日期
```

```
>>> import re
>>> re.findall(r'\d+/\d+/\d+', text)
['3/27/2018', '3/28/2018']
>>> # 用替代文本替换所有日期
>>> re.sub(r'(\d+)/(\d+)/(\d+)', r'\3-\1-\2', text)
'Today is 2018-3-27. Tomorrow is 2018-3-28.'
>>>
```

正则表达式通常因其令人难以理解的语法而出名。在这个例子中，\d+被解释为"一个或多个数字"。关于模式语法的更多信息，可以在 re 模块的官方文档中找到。

9.15.17 shutil 模块

shutil 模块可用于执行一些可能在 shell 中执行的常见任务。这些操作包括复制和删除文件、处理归档文件等等。例如，复制文件：

```
import shutil

shutil.copy(srcfile, dstfile)
```

移动一个文件：

```
shutil.move(srcfile, dstfile)
```

复制一个目录树：

```
shutil.copytree(srcdir, dstdir)
```

移除一个目录树：

```
shutil.rmtree(pathname)
```

shutil 模块通常用来替代使用 os.system()函数直接执行 shell 命令的方式，因为 shutil 模块更安全、便捷。

9.15.18 select 模块

select 模块可用于对多个 I/O 流进行简单轮询。也就是说，它可以用来监视一组文件描述符，以获取传入数据，或获取接收传出数据的能力。下面的例子展示了典型用法：

```
import select

# 表示文件描述符的对象集合
# 必须是整数或带有 fileno()方法的对象
want_to_read = [ ... ]
```

```
want_to_write = [ ... ]
check_exceptions = [ ... ]

# 超时（或 None）
timeout = None

# 轮询 I/O
can_read, can_write, have_exceptions = \
    select.select(want_to_read, want_to_write, check_exceptions, timeout)

# 执行 I/O 操作
for file in can_read:
    do_read(file)
for file in can_write:
    do_write(file)

# 处理异常
for file in have_exceptions:
    handle_exception(file)
```

在这段代码中，构造了 3 组文件描述符。这些集合对应于读、写和异常。这些参数连同一个可选的超时一起传递给 select()。select()返回所传参数的 3 个子集。这些子集表示可以在其上执行请求操作的文件。例如，一个 can_read()中返回的文件，该文件有传入的数据在挂起等待。

select()函数是一个标准的低级系统调用，通常用于监视系统事件和实现异步 I/O 框架，比如内置的 asyncio 模块。

除 select()外，select 模块还公开了 poll()、epoll()、kqueue()以及提供类似功能的相似变体函数。这些功能的可用性因操作系统而异。

selectors 模块提供了一个针对 select 的高级接口，该接口在某些上下文中可能会有用。前面的 9.14.2 节给出了一个示例。

9.15.19　smtplib 模块

smtplib 模块实现 SMTP 的客户端，常用来发送电子邮件消息。该模块的一个常见用途是编写向某人发送电子邮件的脚本。这里有一个例子：

```
import smtplib

fromaddr = "someone@some.com"
toaddrs = ["recipient@other.com" ]
amount = 123.45
```

```
msg = f"""From: {fromaddr}
Pay {amount} bitcoin or else. We're watching.
"""

server = smtplib.SMTP('localhost')
serv.sendmail(fromaddr, toaddrs, msg)
serv.quit()
```

　　还有一些附加特性，可以处理密码、身份验证和其他事项。如果运行脚本的机器配
置为支持电子邮件，那么上面的示例通常可以顺利执行。

9.15.20　socket 模块

　　socket 模块提供对网络编程功能的低级访问。该接口仿效标准 BSD 套接字接口——
通常与 C 语言系统编程相关。

　　下面的例子展示了如何建立一个输出连接并接收一个响应：

```
from socket import socket, AF_INET, SOCK_STREAM

sock = socket(AF_INET, SOCK_STREAM)
sock.connect(('python.org', 80))
sock.send(b'GET /index.html HTTP/1.0\r\n\r\n')
parts = []
while True:
    part = sock.recv(10000)
    if not part:
        break
    parts.append(part)
parts = b''.join(parts)
print(parts)
```

　　下面的例子展示了一个基本的回显服务器，它接受客户端连接并回显接收到的任何
数据。要测试此服务器，请先运行它，然后在一个单独的终端会话中使用 telnet
localhost 25000 或 nc localhost 25000 等命令连接到它。

```
from socket import socket, AF_INET, SOCK_STREAM

def echo_server(address):
    sock = socket(AF_INET, SOCK_STREAM)
    sock.bind(address)
    sock.listen(1)
    while True:
        client, addr = sock.accept()
```

```
            echo_handler(client, addr)

def echo_handler(client, addr):
    print('Connection from:', addr)
    with client:
        while True:
            data = client.recv(10000)
            if not data:
                break
            client.sendall(data)
    print('Connection closed')

if __name__ == '__main__':
    echo_server(('', 25000))
```

对于 UDP 服务器，没有连接过程。但是，服务器仍然必须将套接字绑定到一个已知地址。下面是一个典型的 UDP 服务器和客户端示例：

```
# udp.py

from socket import socket, AF_INET, SOCK_DGRAM

def run_server(address):
    sock = socket(AF_INET, SOCK_DGRAM)        # 1. 创建 UDP 套接字
    sock.bind(address)                        # 2. 绑定到地址/端口
    while True:
        msg, addr = sock.recvfrom(2000)       # 3. 取得一条消息
        # ... 一些处理
        response = b'world'
        sock.sendto(response, addr)           # 4. 返回一个响应

def run_client(address):
    sock = socket(AF_INET, SOCK_DGRAM)        # 1. 创建 UDP 套接字
    sock.sendto(b'hello', address)            # 2. 发送一条消息
    response, addr = sock.recvfrom(2000)      # 3. 取得响应
    print("Received:", response)
    sock.close()

if __name__ == '__main__':
    import sys
    if len(sys.argv) != 4:
        raise SystemExit('Usage: udp.py [-client|-server] hostname port')
    address = (sys.argv[2], int(sys.argv[3]))
    if sys.argv[1] == '-server':
        run_server(address)
```

```
elif sys.argv[1] == '-client':
    run_client(address)
```

9.15.21   struct 模块

struct 模块可用于在 Python 和二进制数据结构（以 Python 字节字符串表示）之间
转换数据。这些二进制数据结构，在我们需要与 C 语言编写的函数、二进制文件格式、
网络协议交互，或通过串口进行二进制通信时，经常会用到。

例如，假设我们需要构造一个二进制消息，其格式由 C 数据结构描述：

```
# 消息格式：所有值都是"大端字节序"（big endian）的
struct Message {
    unsigned short msgid;       // 16 bit unsigned integer
    unsigned int sequence;      // 32 bit sequence number
    float x;                    // 32 bit float
    float y;                    // 32 bit float
}
```

下面展示如何使用 struct 模块做到这一点：

```
>>> import struct
>>> data = struct.pack('>HIff', 123, 456, 1.23, 4.56)
>>> data
b'\x00{\x00\x00\x00-?\x9dp\xa4@\x91\xeb\x85'
>>>
```

要解码二进制数据，请使用 struct.unpack：

```
>>> struct.unpack('>HIff', data)
(123, 456, 1.2300000190734863, 4.559999942779541)
>>>
```

浮点值之间的差异原因是，将其转换为 32 位值时造成了精度损失。Python 将浮点值
表示为 64 位双精度值。

9.15.22   subprocess 模块

subprocess 模块可用于将单独的程序作为子进程执行，但可以控制执行环境，包括
I/O 处理、终止等。该模块有两种常见用途。

如果想运行一个单独的程序并一次性收集它的所有输出，请使用 check_output()。
例如：

```
import subprocess
```

```
# 运行'netstat -a'命令，并收集其输出
try:
    out = subprocess.check_output(['netstat', '-a'])
except subprocess.CalledProcessError as e:
    print("It failed:", e)
```

check_output()返回的数据以字节表示。如果想将其转换为文本，请确保应用正确地解码：

```
text = out.decode('utf-8')
```

还可以设置管道，并以更具体的方式与子进程交互。要做到这一点，可像下面这样使用 Popen 类：

```
import subprocess

# wc 是一个返回行数、字数和字节数的程序
p = subprocess.Popen(['wc'],
                     stdin=subprocess.PIPE,
                     stdout=subprocess.PIPE)
# 向子进程发送数据
p.stdin.write(b'hello world\nthis is a test\n')
p.stdin.close()

# 回读数据
out = p.stdout.read()
print(out)
```

Popen 的实例 p 具有 stdin 和 stdout 特性，可用来与子进程通信。

9.15.23　tempfile 模块

tempfile 模块支持创建临时文件和目录。下面是一个创建临时文件的示例：

```
import tempfile

with tempfile.TemporaryFile() as f:
    f.write(b'Hello World')
    f.seek(0)
    data = f.read()
    print('Got:', data)
```

缺省情况下，临时文件以二进制模式打开，并允许读/写。with 语句通常还用于定义文件的使用范围。文件在 with 块的末尾被删除。

如果想创建一个临时目录，可以这样做：

```
with tempfile.TemporaryDirectory() as dirname:
    # 使用目录 dirname
    ...
```

与文件一样，目录及其所有内容将在 **with** 块的末尾被删除。

9.15.24 textwrap 模块

textwrap 模块可用于格式化文本，以适应特定的终端宽度。也许它的用途有点特殊，但是在生成报告时，它在整理输出文本方面有时很有用。有两个函数值得关注。

wrap() 接受文本并将文本换行，以适应指定的列宽度。函数返回一个字符串列表。例如：

```
import textwrap

text = """look into my eyes
look into my eyes
the eyes the eyes the eyes
not around the eyes
don't look around the eyes
look into my eyes you're under
"""

wrapped = textwrap.wrap(text, width=81)
print('\n'.join(wrapped))
# 生成：
# look into my eyes look into my eyes the
# eyes the eyes the eyes not around the
# eyes don't look around the eyes look
# into my eyes you're under
```

可以使用 **indent()** 函数来缩进文本块。例如：

```
print(textwrap.indent(text, '    '))
# 生成：
#     look into my eyes
#     look into my eyes
#     the eyes the eyes the eyes
#     not around the eyes
#     don't look around the eyes
#     look into my eyes you're under
```

9.15.25　threading 模块

threading 模块可用于并发执行代码。这个应用场景通常出现在网络程序的 I/O 处理中。线程编程是一个很大的主题，但是下面的例子说明了常见问题的解决方案。

下面是启动一个线程并等待它的例子：

```python
import threading
import time

def countdown(n):
    while n > 0:
        print('T-minus', n)
        n -= 1
        time.sleep(1)

t = threading.Thread(target=countdown, args=[10])
t.start()
t.join()     #等待线程完成
```

如果不想等待线程完成，则请提供额外的 daemon 标志，以使其成为守护线程，如下所示：

```python
t = threading.Thread(target=countdown, args=[10], daemon=True)
```

如果想让一个线程终止，则需要为此目的明确地使用一个标志或一些专用变量。必须通过编程来检查线程终止与否。

```python
import threading
import time

must_stop = False

def countdown(n):
    while n > 0 and not must_stop:
        print('T-minus', n)
        n -= 1
        time.sleep(1)
```

如果线程要改变共享数据，请使用 Lock 来保护它。

```python
import threading

class Counter:
    def __init__(self):
        self.value = 0
```

```
        self.lock = threading.Lock()

    def increment(self):
        with self.lock:
            self.value += 1

    def decrement(self):
        with self.lock:
            self.value -= 1
```

如果一个线程必须等待另一个线程来做某事，则请使用 Event。

```
import threading
import time

def step1(evt):
    print('Step 1')
    time.sleep(5)
    evt.set()

def step2(evt):
    evt.wait()
    print('Step 2')


evt = threading.Event()
threading.Thread(target=step1, args=[evt]).start()
threading.Thread(target=step2, args=[evt]).start()
```

如果线程要通信，可使用 Queue：

```
import threading
import queue
import time

def producer(q):
    for i in range(10):
        print('Producing:', i)
        q.put(i)
    print('Done')
    q.put(None)

def consumer(q):
    while True:
        item = q.get()
        if item is None:
            break
```

```
    print('Consuming:', item)
  print('Goodbye')

q = queue.Queue()
threading.Thread(target=producer, args=[q]).start()
threading.Thread(target=consumer, args=[q]).start()
```

9.15.26　time 模块

time 模块可用于访问与系统时间相关的功能。以下所选函数是最常用的。

sleep(seconds)

让 Python 休眠给定的秒数（采用浮点数形式）。

time()

以浮点数形式返回 UTC 的当前系统时间。这是纪元（对于 UNIX 系统，这通常指的是 1970 年 1 月 1 日）以来的秒数。使用 localtime()将其转换为适合提取有用信息的数据结构。

localtime([secs])

返回一个 struct_time 对象，表示系统上的本地时间，或表示浮点数参数值 secs 所指的时间。生成的结构具有 tm_year、tm_mon、tm_mday、tm_hour、tm_min、tm_sec、tm_wday、tm_yday 和 tm_isdst 特性。

gmtime([secs])

与 localtime()类似，不同之处是其结果结构代表 UTC 时间（或格林尼治标准时）。

ctime([secs])

将以秒表示的时间转换为适合打印的文本字符串。其对调试和日志记录有帮助。

asctime(tm)

将由 localtime()表示的时间结构转换为适合打印的文本字符串。

datetime 模块通常用于表示日期和时间，以便执行与日期相关的计算以及处理时区。

9.15.27　urllib 包

urllib 包可用于发出客户端 HTTP 请求。也许最有用的函数是 urllib.request.urlopen()，该函数可以用来获取简单的网页。例如：

```
>>> from urllib.request import urlopen
>>> u = urlopen('http://www.python.org')
>>> data = u.read()
>>>
```

如果想编码表单参数，则可以使用如下所示的 `urllib.parse.urlencode()`：

```
from urllib.parse import urlencode
from urllib.request import urlopen

form = {
    'name': 'Mary A. Python',
    'email': 'mary123@python.org'
}

data = urlencode(form)
u = urlopen('http://httpbin.org/post', data.encode('utf-8'))
response = u.read()
```

`urlopen()` 函数适用于涉及 HTTP 或 HTTPS 的基本网页和 API。但是，如果访问还涉及 cookie、高级身份验证方案和其他应用层面，则 `urlopen()` 使用起来会非常笨拙。坦率地说，大多数 Python 程序员会使用 **requests** 或 **httpx** 等第三方库来处理这些情况。我们也应该如此。

`urllib.parse` 子包具有操作 URL 本身的附加功能。例如，`urlparse()` 函数可用于拆分 URL：

```
>>> url = 'http://httpbin.org/get?name=Dave&n=42'
>>> from urllib.parse import urlparse
>>> urlparse(url)
ParseResult(scheme='http', netloc='httpbin.org', path='/get', params='',
query='name=Dave&n=42', fragment='')
>>>
```

9.15.28　unicodedata 模块

`unicodedata` 模块可用于涉及 Unicode 文本字符串的更高级操作。同一 Unicode 文本通常有多种表示形式。例如，字符 U+00F1（ñ）可以完整构成为单个字符 U+00F1，或者分解为多字符序列 U+006e U+0303（n，~）。在希望文本字符串在视觉呈现上及字符表示上都一样的程序中，这可能会导致奇怪的问题出现。考虑下面涉及字典键的例子：

```
>>> d = {}
>>> d['Jalape\xf1o'] = 'spicy'
>>> d['Jalapen\u0303o'] = 'mild'
>>> d
{'jalapeño': 'spicy', 'jalapeño': 'mild' }
>>>
```

乍一看，这应该是一个操作错误，一个字典怎么会有两个相同但又分开的键呢？答案在于键由不同的 Unicode 字符序列组成。

如果对相同呈现的 Unicode 字符串进行一致处理是一个问题，则应该对它们进行规范化。unicodedata.normalize()函数可用于确保一致的字符表示。例如，unicodedata.normalize('NFC',s)将确保 s 中的所有字符都是完整构成的，而不是表示为联合字符的序列。使用 unicodedata.normalize('NFD',s)将确保 s 中的所有字符都彻底分解。

unicodedata 模块还具有测试字符属性的功能，比如大小写、数字和空格。通用字符属性可以通过 unicodedata.category(c)函数获得。例如，unicodedata.category('A')返回'Lu'，表示该字符是大写字母。有关这些值的更多信息，请参见网址链接 9 的官方 Unicode 字符数据库。

9.15.29　xml 包

xml 包是一个很大的模块集合，其以各种方式处理 XML 数据。但是，如果你的主要目标是读取 XML 文档并从中提取信息，那么最简单的方法就是使用 xml.etree 子包。假设在 recipe.xml 文件中有一个 XML 文档，如下所示：

```
<?xml version="1.0" encoding="iso-8859-1"?>
<recipe>
  <title>Famous Guacamole</title>
  <description>A southwest favorite!</description>
  <ingredients>
    <item num="4"> Large avocados, chopped </item>
    <item num="1"> Tomato, chopped </item>
    <item num="1/2" units="C"> White onion, chopped </item>
    <item num="2" units="tbl"> Fresh squeezed lemon juice </item>
    <item num="1"> Jalapeno pepper, diced </item>
    <item num="1" units="tbl"> Fresh cilantro, minced </item>
    <item num="1" units="tbl"> Garlic, minced </item>
    <item num="3" units="tsp"> Salt </item>
    <item num="12" units="bottles"> Ice-cold beer </item>
  </ingredients>
  <directions>
  Combine all ingredients and hand whisk to desired consistency.
  Serve and enjoy with ice-cold beers.
  </directions>
</recipe>
```

下面是如何从 recipe.xml 文件中提取特定元素的代码：

```
from xml.etree.ElementTree import ElementTree

doc = ElementTree(file="recipe.xml")
title = doc.find('title')
print(title.text)

# 另一个方案（只获取元素文本）
print(doc.findtext('description'))

# 迭代多个元素
for item in doc.findall('ingredients/item'):
    num = item.get('num')
    units = item.get('units', '')
    text = item.text.strip()
    print(f'{num} {units} {text}')
```

9.16　最后的话

　　I/O 是编写任何实用程序的基本部分。鉴于其应用的普遍程度，Python 几乎可以处理任何正在使用的数据格式、编码或文档结构。尽管标准库可能存在功能缺失，但几乎肯定能找到第三方模块来解决问题。

　　从整体来看，考虑应用程序的边界问题可能更有用。程序和现实之间的外部边界，通常会遇到与数据编码相关的问题。对于文本数据和 Unicode 尤其如此。Python 的许多复杂 I/O 处理，如支持不同编码、错误处理策略等，都是针对文本数据和 Unicode 这个特定问题。记住，文本数据和二进制数据是严格区分的，这一点也很重要。了解自己的工作内容有助于了解整体。

　　I/O 中的第二个考虑因素是从整体上评估模型。Python 代码目前分为两个世界：正常的同步代码、通常与 **asyncio** 模块相关的异步代码（以使用 **async** 函数和 **async/await** 语法为特征）。异步代码几乎总是需要使用能够在异步环境中操作的专用库。这反过来又迫使开发者以异步风格编写应用程序代码。老实说，我们可能应该避免异步编码，除非我们确信需要它——如果不确定这一点，那么我们几乎肯定不需要它。大多数组织良好及可理解的 Python 代码都采用正常的同步风格，这更容易推理、调试和测试。我们也应该这样做。

内置函数和标准库

本章是 Python 内置函数的精简参考。这些函数不需要任何 import 语句就能使用。最后，本章简要概述了一些有用的标准库模块。

10.1 内置函数

abs(x)

返回 x 的绝对值。

all(s)

如果可迭代对象 s 中的所有值都计算为 True，则返回 True。如果 s 为空，则返回 True。

any(s)

如果可迭代对象 s 中的任何一个值计算为 True，则返回 True。如果 s 为空，则返回 False。

ascii(x)

创建对象 x 的可打印表示，就像 repr() 一样，但在结果中只使用 ASCII 字符。非 ASCII 字符被转换成适当的转义序列。其可以在不支持 Unicode 的终端或 shell 中查看 Unicode 字符串。

bin(x)

返回整数 x 的二进制表示形式的字符串。

bool([x])

表示布尔值 True 和 False 的类型。当用于转换 x 时，如果使用通常的真值测试语义（即非零数、非空列表等）计算 x 为真，则返回 True；否则，返回 False。如果在没有任何参数的情况下调用 bool()，则返回布尔型的缺省值 False。bool 类继承自 int，因此在数学计算中布尔值 True 和 False 可以用作值为 1 和 0 的整数。

breakpoint()

设置一个手动的调试器断点。遇到该断点时，控制权将转移到 Python 调试器 pdb。

bytearray([x])

表示可变字节数组的类型。在创建实例时，x 可以是 0 到 255 范围内整数的可迭代序列、8-bit 的字符串或字节字面量，或者指定字节数组大小的整数（在这种情况下，每个项目都将初始化为 0）。

bytearray(s, encoding)

一个通过字符串 s 中的字符创建 bytearray 实例的替代调用约定，其中 encoding 指定要在转换中使用的字符编码。

bytes([x])

表示不可变字节数组的类型。

bytes(s, encoding)

一个通过字符串 s 创建字节的替代调用约定，其中 encoding 指定在转换中使用的编码。

表 10.1 展示了 bytes 和字节数组（bytes array）都支持的操作。

表 10.1　bytes 及字节数组的操作

操　　作	描　　述
s + t	如果 t 是 bytes，则连接
s * n	如果 n 为整数，则重复
s % x	格式化 bytes 类型。x 是元组
s[i]	将第 i 个元素作为整数返回
s[i:j]	返回一个切片
s[i:j:stride]	返回一个扩展切片
len(s)	s 中的字节数量
s.capitalize()	大写第一个字符
s.center(width [, pad])	在长度 width 的范围居中排列字符串。pad 是填充字符
s.count(sub [, start [, end]])	计算指定子字符串 sub 的出现次数
s.decode([encoding [, errors]])	将字节字符串解码为文本（仅 bytes 类型）
s.endswith(suffix [, start [, end]])	检查字符串是否以 suffix 结尾
s.expandtabs([tabsize])	用空格替换制表符
s.find(sub [, start [, end]])	查找指定子字符串 sub 的第一个匹配位置

续表

操　作	描　述
s.hex()	转换为十六进制字符串
s.index(sub [, start [, end]])	查找指定子字符串 sub 的第一个匹配位置，或抛出错误
s.isalnum()	检查是否所有字符都是字母和数字
s.isalpha()	检查是否所有字符都是字母
s.isascii()	检查是否所有字符都是 ASCII 码
s.isdigit()	检查是否所有字符均为数字
s.islower()	检查是否所有字符都是小写字母
s.isspace()	检查是否所有字符都是空格
s.istitle()	检查字符串是否为 title-cased 的（每个单词的首字母大写）
s.isupper()	检查是否所有字符都为大写形式
s.join(t)	使用分隔符 s 连接字符串序列 t
s.ljust(width [, fill])	在长度为 width 的字符串中左对齐 s
s.lower()	转换为小写形式
s.lstrip([chrs])	删除前导的空格或 chrs 中指明的字符
s.maketrans(x [, y [, z]])	为 s.translate()创建一个转换表
s.partition(sep)	基于分隔符字符串 sep 对字符串进行分区。返回一个元组 (head, sep, tail)；如果 sep 没有被找到，则返回(s, '', '')
s.removeprefix(prefix)	如果给定的前缀 prefix 存在，则返回删除该前缀后的 s
s.removesuffix(suffix)	如果给定的后缀 suffix 存在，则返回删除该后缀后的 s
s.replace(old, new [, maxreplace])	替换子串
s.rfind(sub [, start [, end]])	查找子串最后出现的位置
s.rindex(sub [, start [, end]])	查找子串最后出现的位置，或抛出错误
s.rjust(width [, fill])	在长度为 width 的字符串中右对齐 s
s.rpartition(sep)	基于分隔符 sep 对 s 进行分区，但从字符串末尾进行搜索
s.rsplit([sep [, maxsplit]])	使用 sep 作为分隔符，从字符串结尾拆分字符串。maxsplit 是执行拆分的最大次数。如果省略 maxsplit，则结果与 split() 方法相同
s.rstrip([chrs])	删除尾部的空格或 chrs 中指明的字符
s.split([sep [, maxsplit]])	使用 sep 作为分隔符来拆分字符串。maxsplit 是执行拆分的最大次数
s.splitlines([keepends])	将字符串拆分为行列表。如果 keepends 为 1，则保留末尾的换行符
s.startswith(prefix [, start [, end]])	检查字符串是否以 prefix 开头
s.strip([chrs])	删除前导和尾部的空格或 chrs 中指明的字符
s.swapcase()	将大小写反转

续表

操 作	描 述
s.title()	返回字符串的 title-cased 版本（每个单词的首字母大写）
s.translate(table [, deletechars])	使用字符转换表转换字符串，删除 deletechars 中指定的字符
s.upper()	将字符串转换为大写形式
s.zfill(width)	在字符串的左边填充 0，直到指定的宽度 width

字节数组还支持表 10.2 中的方法。

表 10.2　字节数组的额外操作

操 作	描 述
s[i] = v	元素赋值
s[i:j] = t	切片赋值
s[i:j:stride] = t	扩展切片赋值
del s[i]	元素删除
del s[i:j]	切片删除
del s[i:j:stride]	扩展切片删除
s.append(x)	将一个新字节追加到末尾
s.clear()	清除字节数组
s.copy()	复制
s.extend(t)	用 bytes 类型的 t 扩展 s
s.insert(n, x)	在索引位置 n 插入字节 x
s.pop([n])	删除并返回索引 n 处的字节
s.remove(x)	删除第一个出现的字节 x
s.reverse()	就地反转字节数组

callable(obj)

如果 obj 可作为函数调用，则返回 True。

chr(x)

将表示 Unicode 代码点的整数 x 转换为单字符串。

classmethod(func)

这个装饰器作用于函数 func 来创建一个类方法。该装饰器通常只在类定义内部使用，在类中，该装饰器通过@classmethod 来隐式调用。与普通方法不同，类方法的第一个参数是类，而非实例。

compile(string, filename, kind)

将 string 编译为代码对象，以便于 exec()或 eval()。string 是一个包含有效

Python 代码的字符串。如果此代码跨越多行，则这些行必须以单个换行符（'\n'），而不是由特定于平台的变体（例如，Windows 上的'\r\n'）来结束。filename 是一个字符串，是定义 string 的文件的名称（如果用到文件的话）。kind 有 3 种模式：'exec'对应语句序列，'eval'对应单个表达式，'single'对应单个可执行语句。返回的结果代码对象可以直接传递给 exec()或 eval()来代替字符串。

complex([real [, imag]])

表示具有实部 real 和虚部 imag 的复数类型，real 和 imag 可以是任何数字类型。如果省略 imag，则虚部设置为零。如果 real 作为字符串传递，则字符串被解析并转换为复数。在这种情况下，应该省略 imag。如果 real 是任何其他类型的对象，则返回 real.__complex__()的值。如果没有给出参数，则返回 0j。

表 10.3 展示了 complex 的方法和特性。

表 10.3 complex 的方法和特性

特性/方法	描　　述
z.real	实部
z.imag	虚部
z.conjugate()	复数的共轭

delattr(object, attr)

删除对象的特性。attr 是一个字符串。与 del object.attr 相同。

dict([m])或 dict(key1=value1, key2=value2, …)

表示字典的类型。如果没有给出参数，则返回一个空字典。如果 m 是一个映射对象（例如，另一个字典），则返回与 m 具有相同键和相同值的新字典。例如，如果 m 是字典，则 dict(m)对其进行浅复制。如果 m 不是映射，则 m 必须支持能够生成(key, value)对序列的迭代。这些键值对用于填充字典。dict()也可以使用关键字参数调用。例如，dict(foo=3, bar=7)创建字典{'foo': 3, 'bar': 7 }。

表 10.4 展示了字典支持的操作。

表 10.4 字典支持的操作

操　　作	描　　述
m | n	将 m 和 n 合并成一个字典
len(m)	返回 m 中元素的个数
m[k]	返回 m 中键为 k 的项值
m[k]=x	设置 m[k]为 x

续表

操　作	描　述
del m[k]	从 m 中移除 m[k]
k in m	如果 k 是 m 中的键，则返回 True
m.clear()	从 m 中移除所有项目
m.copy()	对 m 进行浅复制
m.fromkeys(s [, value])	创建一个新字典，键来自序列 s，值全部设为 value
m.get(k [, v])	如果找到 k，返回 m[k]；否则返回 v
m.items()	返回(key, value)对
m.keys()	返回所有键
m.pop(k [, default])	如果找到 k，返回 m[k]，并将其从 m 中移除。否则，如果提供了 default，则返回 default；如果没有提供 default，则抛出 KeyError
m.popitem()	从 m 中移除一个随机(key, value)对，并以元组的形式返回
m.setdefault(k [, v])	如果找到 k，返回 m[k]；否则，返回 v 并设置 m[k] = v
m.update(b)	将 b 的所有对象加到 m
m.values()	返回所有的值

dir([object])

　　返回排序的特性名称列表。如果 object 是一个模块，则包含在该模块中定义的符号的列表。如果 object 是类型或类对象，则返回特性名称列表。如果对象的 __dict__ 特性已定义，那么名称通常从这个 __dict__ 中获得，但也可以使用其他来源。如果没有给出参数，则返回当前本地符号表中的名称。应该注意的是，此函数主要用于信息反馈（例如，在命令行中以交互方式使用）。它不应该用于正式的程序分析，因为获得的信息可能不完整。此外，用户定义的类可以定义一个特殊的方法 __dir__() 来改变这个函数的结果。

divmod(a, b)

　　以元组形式返回长除法的商和余数。对于整数，返回值(a // b, a % b)。对于浮点数，返回(math.floor(a / b), a % b)。不能使用复数调用此函数。

enumerate(iter, start=0)

　　给定一个可迭代对象 iter，返回一个新的迭代器（类型为 enumerate），它生成包含计数和从 iter 获得的值的元组。例如，如果 iter 产生 a、b、c，则 enumerate(iter)产生(0,a)、(1,b)、(2,c)。可选的 start 改变了计数的初始值。

eval(expr [, globals [, locals]])

　　计算一个表达式。expr 是由 compile()创建的字符串或代码对象。globals 和

locals 是映射对象，分别为操作定义全局命名空间和本地命名空间；如果省略，则
使用调用者环境中执行的 globals() 和 locals() 的值来计算表达式。将 globals
和 locals 指定为字典是最常见的，但高级应用程序可以提供自定义映射对象。

exec(code [, globals [, locals]])

执行 Python 语句。code 是由 compile() 创建的字符串、bytes 或代码对象。globals
和 locals 分别为操作定义全局命名空间和本地命名空间；如果省略，则使用调用
者环境中执行的 globals() 和 locals() 的值来执行代码。

filter(function, iterable)

创建一个迭代器，该迭代器返回 iterable 中由 function(item) 评估为 True 的项。

float([x])

表示浮点数的类型。如果 x 是数字，则将其转换为浮点数。如果 x 是字符串，则将
其解析为浮点数。对于所有其他对象，调用 x.__float__()。如果没有提供参数，
则返回 0.0。

表 10.5 展示了浮点数的方法和特性。

表 10.5　浮点数的方法和特性

特性/方法	描　　述
x.real	x 用作复数时，返回实部
x.imag	x 用作复数时，返回虚部
x.conjugate()	复数的共轭
x.as_integer_ratio()	转换为分子/分母对
x.hex()	创建一个十六进制表示
x.is_integer()	测试是否为精确整数值
float.fromhex(s)	从十六进制字符串创建。这是一个类方法

format(value [, format_spec])

根据 format_spec 中的格式规格字符串，将 value 转换为格式化字符串。此操作
调用 value.__format__()，__format__() 可以自由地解释它认为合适的格式规
格。对于简单类型的数据，格式说明符通常包括对齐字符<、>或^，数字（表示字段
宽度），字符代码 d、f 或 s（分别表示整数、浮点或字符串值）。例如，d 格式规格
格式化整数，8d 规格在 8 个字符宽度的字段中右对齐整数，<8d 在 8 个字符宽度的
字段中左对齐整数。关于 format() 和格式说明符的更多细节可以在第 9 章中找到。

frozenset([items])

表示一个不可变 Set 对象的类型，该对象填充了取自 items 的值，items 必须是可

迭代的。取自 items 的值也必须是不可变的。如果没有给出参数，则返回一个空 Set。frozenset 支持 Set 上的所有操作（任何就地改变集合的操作除外）。

getattr(object, name [, default])

返回对象的命名特性的值。name 是一个包含特性名称的字符串。如果不存在此特性，则返回作为可选值的 default；如果未设定缺省值，则抛出 AttributeError。该函数的作用与访问 object.name 相同。

globals()

返回代表全局命名空间的当前模块的字典。当在另一个函数或方法中调用 globals()时，globals()返回定义另一个函数或方法的模块的全局命名空间。

hasattr(object, name)

如果 name 是对象特性的名称，则返回 True。name 是一个字符串。

hash(object)

返回对象的整数哈希值（如果可能）。哈希值主要用于字典、Set 和其他映射对象的实现。对于任何比较相等的对象，哈希值始终相同。尽管用户定义的类可以定义方法__hash__()来支持此操作，但是可变对象通常不定义哈希值。

hex(x)

从整数 x 创建一个十六进制字符串。

id(object)

返回对象的唯一整数标识。不应该以任何方式解释返回值（例如，它不是内存位置）。

input([prompt])

打印提示到标准输出，并从标准输入读取单行输入。返回的行不会以任何方式修改。其不包括行尾（例如，'\n'）。

int(x [, base])

表示整数的类型。如果 x 是数字，则通过向 0 截断而转换为整数。如果是字符串，则解析为整数值。从字符串进行转换时，base 可以选择指定基数。

除支持常见的数学运算外，整数还具有表 10.6 中列出的许多特性和方法。

表 10.6　整数的方法和特性

特性/方法	描　　述
x.numerator	用作分数时的分子
x.denominator	用作分数时的分母
x.real	用作复数时的实部
x.imag	用作复数时的虚部

续表

特性/方法	描　述
x.conjugate()	复数的共轭
x.bit_length()	以二进制方式表示值时所需的 bit（位）数
x.to_bytes(length, byteorder, *, signed=False)	将 x 转换为 bytes
int.from_bytes(bytes, byteorder, *, signed=False)	从 bytes 转换到 int，是一个类方法

isinstance(object, classobj)

　　如果 object 是 classobj 的实例或 classobj 的子类，则返回 True。classobj 参数也可以是类型（type）或类（class）的元组。例如，如果 s 是元组或列表，则 isinstance(s, (list, tuple))返回 True。

issubclass(class1, class2)

　　如果 class1 是 class2 的子类（派生自的关系），则返回 True。class2 也可以是可能的类的元组，在这种情况下，将检查每个类。请注意，issubclass(A, A)为 True。

iter(object [, sentinel])

　　返回一个迭代器，以生成 object 中的项目。如果省略了 sentinel 参数，则对象要么必须提供方法 __iter__()，该方法创建一个迭代器，要么对象必须实现 __getitem__()，该方法接受从 0 开始的整数参数。如果指定了 sentinel，则对 object 有不同的解释。此时，object 应该是一个不带参数的可调用对象（比如函数）。返回的迭代器对象（即 iter()创建的迭代器对象）会反复调用该函数（object），直到返回值等于 sentinel，此时迭代停止。如果 object 不支持迭代，则会抛出 TypeError。

len(s)

　　返回 s 中包含的项目数，s 应该是某种容器，例如列表、元组、字符串、Set 或字典。

list([items])

　　表示列表的类型。items 可以是任何可迭代对象，其值用于填充列表。如果 items 已经是一个列表，则进行浅复制。如果没有给出参数，则返回一个空列表。

　　表 10.7 展示了在列表上定义的操作。

表 10.7　列表运算符和方法

操　作	描　述
s + t	如果 t 是一个列表，则连接

操 作	描 述
s * n	如果 n 为整数，则重复
s[i]	返回 s 中的元素 i
s[i:j]	返回一个切片
s[i:j:stride]	返回一个扩展切片
s[i] = v	元素赋值
s[i:j] = t	切片赋值
s[i:j:stride] = t	扩展切片赋值
del s[i]	元素删除
del s[i:j]	切片删除
del s[i:j:stride]	扩展切片删除
len(s)	s 中元素的个数
s.append(x)	在 s 的末尾追加一个新元素 x
s.extend(t)	将一个新列表 t 追加到 s 的末尾
s.count(x)	统计 x 在 s 中的出现次数
s.index(x [, start [, stop]])	返回第一个匹配 s[i] == x 的索引 i。start 和 stop 可选，指定搜索的开始和结束索引
s.insert(i, x)	将 x 插入索引 i 处
s.pop([i])	返回元素 i，并将其从列表中移除。如果省略 i，则返回最后一个元素
s.remove(x)	搜索 x 并从 s 中删除它
s.reverse()	就地反转 s 中的项目
s.sort([key [, reverse]])	对 s 的项目就地排序。key 是一个键函数。reverse 是以相反顺序对列表排序的标志。key 和 reverse 应始终指定为关键字参数

locals()

返回与调用者的本地命名空间对应的字典。这个字典应该只用于检查执行环境——对字典所做的更改不会对相应的局部变量产生任何影响。

map(function, items, ⋯)

创建一个迭代器，该迭代器生成将 function 应用于 items 中逐个项目的结果。如果提供了多个输入序列，则 function 假定传入参数个数为输入序列数，每个参数逐一取自各个序列。在这种情况下，结果仅与最短输入序列一样长。

max(s [, args, ⋯], *, default=obj, key=func)

对于单个参数 s，此函数返回 s 中项目的最大值，s 可以是任何可迭代对象。对于多个参数，函数返回最大的那个参数。如果给出了关键字参数 default，则在 s 为空时返回 default 值。如果给出了关键字参数 key，则 key(v)结果为最大值的那个 v

被返回。

min(s [, args, …], *, default=obj, key=func)

该函数的用法与 max(s)相同，只是返回最小值。

next(s [, default])

从迭代器 s 返回下一项。如果迭代器没有更多项，则会引发 StopIteration 异常，除非为缺省参数提供值，在这种情况下，将改为返回 default 值。

object()

Python 中所有对象的基类。可以调用它来创建一个实例，但结果并没什么意思。

oct(x)

将整数 x 转换为八进制字符串。

open(filename [, mode [, bufsize [, encoding [, errors [, newline [, closefd]]]]]])

打开文件 filename，并返回一个文件对象。这些知识在第 9 章中已详细描述。

ord(c)

返回单个字符 c 的整数序数值。该值通常对应于字符的 Unicode 代码点值。

pow(x, y [, z])

返回 x ** y。如果提供了 z，则此函数返回(x ** y) % z。如果给出所有 3 个参数，3 个参数都必须是整数，并且 y 必须是非负数。

print(value, … , *, sep=separator, end=ending, file=outfile)

打印一组值。作为输入，可以提供任意数量的值，所有这些值都打印在同一行上。sep 关键字参数用于指定不同的分隔符（缺省值为空格）。end 关键字参数指定不同的行尾（缺省值为'\n'）。file 关键字参数将输出重定向到文件对象。

property([fget [, fset [, fdel [, doc]]]])

为类创建一个属性特性（property attribute）。fget 是返回特性值的函数，fset 设置特性值，fdel 删除一个特性。doc 提供了一个文档字符串。属性通常被指定为装饰器：

```
class SomeClass:
    x = property(doc='This is property x')
    @x.getter
    def x(self):
        print('getting x')

    @x.setter
    def x(self, value):
        print('setting x to', value)
```

```
    @x.deleter
    def x(self):
        print('deleting x')
```

range([start,] stop [, step])

创建一个 range 对象，该对象表示从 start 到 stop 的整数值范围。step 表示步长，如果省略，则设置为 1。如果省略 start（当 range()用一个参数调用时），start 的缺省值为 0。负的步长创建一系列按降序排列的数字。

repr(object)

返回 object 的字符串表示形式。在大多数情况下，返回的字符串是一个表达式，可以传递给 eval()以重新创建对象。

reversed(s)

为序列 s 创建一个反向迭代器。此函数仅在 s 定义了 __reversed__()方法或 s 实现了序列方法 __len__()和 __getitem__()时才有效。此函数不适合用于生成器。

round(x [, n])

将浮点数 x 舍入到最接近的 10 的负 n 次幂的倍数。如果 n 省略，则 n 的缺省值为 0。如果 x 同样接近两个倍数，当进位数位是偶数时，x 向 0 舍入，否则远离 0（例如，0.5 舍入为 0.0，1.5 舍入为 2）。

set([items])

创建一个 Set，其中填充了从可迭代对象 items 获取的项目。这些项目必须是不可变的。如果 items 包含其他 Set，则这些 Set 必须是 frozenset 类型的。如果省略 items，则返回一个空集。

表 10.8 展示了对 Set 的操作。

表 10.8　Set 操作和方法

操　作	描　　述
s | t	并集
s & t	交集
s - t	差集
s ^ t	对称差
len(s)	返回 s 中元素的个数
s.add(item)	将项目添加到 s 中。如果项目已经在 s 中，则无效
s.clear()	从 s 中删除所有项目
s.copy()	复制 s

续表

操　作	描　述
s.difference(t)	求差集。返回 s 中不包含在 t 中的元素
s.difference_update(t)	从 s 中移除同时在 t 中存在的项
s.discard(item)	从 s 中移除 item。如果 item 不是 s 的成员，则什么也不会发生
s.intersection(t)	交集。返回在 s 和 t 中同时存在的所有项
s.intersection_update(t)	计算 s 和 t 的交集，并将结果留在 s 中
s.isdisjoint(t)	如果 s 和 t 没有相同的项，则返回 True
s.issubset(t)	如果 s 是 t 的子集，返回 True
s.issuperset(t)	如果 s 是 t 的超集，返回 True
s.pop()	返回一个任意的 Set 元素，并将其从 s 中移除
s.remove(item)	从 s 中移除 item。如果 item 不是成员，则会抛出 KeyError
s.symmetric_difference(t)	对称差。返回在 s 或 t 中，但不同时在两个集合中的所有项
s.symmetric_difference_update(t)	计算 s 和 t 的对称差，并将结果保留为 s
s.union(t)	并集。返回 s 或 t 中的所有项
s.update(t)	将 t 中的所有项添加到 s 中。t 可以是另一个集合、一个序列或任何支持迭代的对象

setattr(object, name, value)

设置对象的特性。name 是一个字符串。其用法与 object.name = value 相同。

slice([start,] stop [, step])

返回一个切片对象，表示指定范围内的整数。切片对象也可由扩展切片语法 a[i:i:k]生成。

sorted(iterable, *, key=keyfunc, reverse=reverseflag)

从 iterable 中创建一个排序列表。关键字参数 key 是一个单参函数，可在比较值之前对值进行转换。关键字参数 reverse 是一个布尔标志，它指定结果列表是否按反序排序。必须使用关键字指定 key 和 reverse 参数，如 sorted(a, key=get_name)。

staticmethod(func)

创建一个在类中使用的静态方法。该函数通常用作@staticmethod 装饰器。

str([object])

表示字符串的类型。如果提供了 object，则通过调用 object 的__str__()方法来创建对象值的字符串表示形式。这与打印对象时看到的字符串相同。如果没有给出参数，则创建一个空字符串。

表 10.9 展示了在字符串上定义的方法。

表 10.9　字符串运算符和方法

操　作	描　述
s + t	如果 t 是字符串，则连接
s * n	如果 n 是整数，则重复
s % x	格式字符串。x 是元组
s[i]	返回字符串中 i 位置处的元素
s[i:j]	返回一个切片
s[i:j:stride]	返回一个扩展切片
len(s)	s 中元素的个数
s.capitalize()	大写第一个字符
s.casefold()	将 s 转换为可用于大小写不敏感比较的字符串
s.center(width [, pad])	将字符串居中放置在长度为 width 的字段范围。pad 是填充字符
s.count(sub [, start [, end]])	计算指定子字符串 sub 的出现次数
s.decode([encoding [, errors]])	将字节字符串解码为文本（仅对 bytes 类型）
s.encode([encoding [, errors]])	返回该字符串的编码版本（仅对 str 类型）
s.endswith(suffix [, start [, end]])	检查字符串是否以 suffix 结尾
s.expandtabs([tabsize])	以空格替换制表符
s.find(sub [, start [, end]])	查找指定子字符串 sub 的第一个匹配项
s.format(*args, **kwargs)	格式化 s（仅对 str 类型）
s.format_map(m)	用取自映射 m 的替换内容来格式化 s（仅对 str 类型）
s.index(sub [, start [, end]])	查找指定子字符串 sub 的第一个匹配位置，或抛出错误
s.isalnum()	检查是否所有字符都是字母和数字
s.isalpha()	检查是否所有字符都是字母
s.isascii()	检查是否所有字符都是 ASCII 码
s.isdecimal()	检查是否所有字符都是十进制字符。不匹配上标、下标或其他特殊数字
s.isdigit()	检查是否所有字符均为数字。匹配上标和上标，但不匹配普通分数
s.isidentifier()	检查 s 是否是一个有效的 Python 标识符
s.islower()	检查是否所有字符都是小写字母
s.isnumeric()	检查是否所有字符都是数字。匹配所有形式的数字字符，如普通分数、罗马数字等
s.isprintable()	检查所有字符是否可打印
s.isspace()	检查是否所有字符都是空格
s.istitle()	检查字符串是否为 title-cased 的（每个单词的首字母大写）
s.isupper()	检查是否所有字符均为大写形式

续表

操　作	描　述
s.join(t)	使用分隔符 s 连接字符串序列 t
s.ljust(width [, fill])	在长为 width 的字符串中左对齐 s
s.lower()	转换为小写形式
s.lstrip([chrs])	删除前导空格或 chrs 中提供的字符
s.maketrans(x [, y [, z]])	为 s.translate() 创建一个转换表
s.partition(sep)	根据分隔符字符串 sep 对字符串进行分区。返回元组(head, sep, tail)或(s, '', '')（未找到 sep 时）
s.removeprefix(prefix)	返回删除给定前缀（如果存在）的 s
s.removesuffix(suffix)	返回删除给定后缀（如果存在）的 s
s.replace(old, new [, maxreplace])	替换子串
s.rfind(sub [, start [, end]])	查找子串最后出现的位置
s.rindex(sub [, start [, end]])	查找子串最后出现的位置，或抛出错误
s.rjust(width [, fill])	在长度为 width 的字符串中右对齐 s
s.rpartition(sep)	基于分隔符 sep 对 s 进行分区，但从字符串末尾进行搜索
s.rsplit([sep [, maxsplit]])	使用 sep 作为分隔符，从字符串结尾拆分字符串。maxsplit 是执行拆分的最大次数。如果省略 maxsplit，则结果与 split() 方法相同
s.rstrip([chrs])	删除尾部的空格或 chrs 中指明的字符
s.split([sep [, maxsplit]])	使用 sep 作为分隔符拆分字符串。maxsplit 是执行拆分的最大次数
s.splitlines([keepends])	将字符串拆分为行列表。如果 keepends 为 1，则保留末尾的换行符
s.startswith(prefix [, start [, end]])	检查字符串是否以 prefix 开头
s.strip([chrs])	删除前导和尾部的空格或 chrs 中指明的字符
s.swapcase()	将大小写反转
s.title()	返回字符串的 title-cased 版本（每个单词的首字母大写）
s.translate(table [, deletechars])	使用字符转换表转换字符串，删除 deletechars 中指定的字符
s.upper()	将字符串转换为大写形式
s.zfill(width)	在字符串的左边填充 0，直到指定的宽度 width

sum(items [, initial])

计算从可迭代对象 items 中获取的一系列项目的总和。initial 提供起始值，缺省值为 0。此函数通常仅适用于数字。

super()

返回一个对象，该对象表示使用它的类的超类。该对象的主要用途是调用基类中的方法。下面是一个例子：

```
class B(A):
    def foo(self):
        super().foo()     # 调用超类定义的 foo()
```

tuple([items])

表示元组类型。items 是用于填充元组的可迭代对象。但是，如果 items 已经是一个元组，则 items 会原封不动地返回。如果没有给出参数，则返回一个空元组。

表 10.10 展示了元组上定义的方法。

表 10.10   元组运算符和方法

操　作	描　述
s + t	如果 t 是一个列表，则连接
s * n	如果 n 是整数，则重复
s[i]	返回 s 中 i 位置的元素
s[i:j]	返回一个切片
s[i:j:stride]	返回一个扩展切片
len(s)	s 中元素的个数
s.append(x)	在 s 的末尾追加一个新元素 x
s.count(x)	统计 x 在 s 中的出现次数
s.index(x [, start [, stop]])	返回第一个匹配 s[i] == x 的索引 i。start 和 stop 可选，指定搜索的开始和结束索引

type(object)

Python 中所有类型的基类。当作为函数调用时，返回 object 的类型，该返回类型与对象的类相同。对于整数、浮点数和列表等常见类型，该类型将引用其他内置类之一，比如 int、float、list 等。对于用户定义的对象，类型是关联的类。对于 Python 内部相关的对象，通常会获得对 types 模块中定义的某个类的引用。

vars([object])

返回对象的符号表（通常在其 __dict__ 特性中找到）。如果没有给出参数，则返回本地命名空间对应的字典。该函数返回的字典应假定为只读形式。修改其内容是不安全的。

zip([s1 [, s2 [, ...]]])

创建一个元组的迭代器，每个元组逐个包含 s1、s2……中的一个项目。第 n 个元组

是 (s1[n], s2[n], …)。当最短输入用完时，迭代器的生成也就停止了。如果没有给出参数，迭代器不会产生任何值。

10.2　内置异常

本节介绍用于报告不同类型错误的内置异常。

10.2.1　异常基类

以下异常用作所有其他异常的基类。

BaseException

所有异常的根类。所有内置异常都派生自该类。

Exception

所有与程序相关异常的基类。这包括除 SystemExit、GeneratorExit 和 Keyboard-Interrupt 外的所有内置异常。用户定义的异常应该继承自 Exception。

ArithmeticError

算术异常的基类，包括 OverflowError、ZeroDivisionError 和 FloatingPointError。

LookupError

索引和键错误的基类，包括 IndexError 和 KeyError。

EnvironmentError

发生在 Python 之外的错误的基类。它是 OSError 的同义词。

上述异常从不显式抛出。但是，它们可用于捕获某些类别的错误。例如，以下代码捕获任何形式的数值错误：

```
try:
    # 某些操作
    ...
except ArithmeticError as e:
    # 数学错误
```

10.2.2　异常特性

异常实例有一些标准特性，可以在某些应用程序中检查和/或操作它。

e.args

抛出异常时提供的参数元组。在大多数情况下，这是一个包含错误描述字符串的单元组。对于 `EnvironmentError` 异常，该值为二元组或三元组，其中包含整数错误号、字符串错误消息和可选文件名。如果需要在不同的上下文中重新创建异常——例如，在不同的 Python 解释器进程中抛出异常，则这种元组的内容可能很有用。

e.__cause__

使用显式链接异常时的先前异常。

e.__context__

隐式链接异常的先前异常。

e.__traceback__

异常关联的回溯对象。

10.2.3　预定义异常类

下列异常由程序抛出。

AssertionError

断言语句失败。

AttributeError

特性引用或赋值失败。

BufferError

需要内存缓冲区。

EOFError

文件结束。由内置函数 `input()` 和 `raw_input()` 生成。应该注意的是，大多数其他 I/O 操作，比如文件的 `read()` 和 `readline()` 方法都返回一个空字符串来表示 EOF，而不是抛出异常。

FloatingPointError

浮点运算失败。应该注意的是，浮点异常处理是一个棘手的问题，只有当 Python 以某种使能（enable）方式配置并构建好的时候，才会引发此异常。浮点错误更常见的是静默产生结果，比如 `float('nan')` 或 `float('inf')`。它是 `ArithmeticError` 的子类。

GeneratorExit

在生成器函数内部抛出该异常，以宣告生成器终止。当生成器过早销毁（在所有生成器值消耗完之前）或调用生成器的 close()方法时，就会发生这种情况。如果生成器忽略此异常，则生成器将终止，并且该异常被静默忽略。

IOError

I/O 操作失败。该值是一个具有 errno、strerror 和 filename 特性的 IOError 实例。errno 是整数错误号，strerror 是字符串错误消息，filename 是可选文件名。它是 EnvironmentError 的子类。

ImportError

当 import 语句找不到模块或 from 在模块中找不到名称时，抛出该异常。

IndentationError

缩进错误。SyntaxError 的子类。

IndexError

序列下标超出范围。LookupError 的子类。

KeyError

在映射中找不到键。LookupError 的子类。

KeyboardInterrupt

当用户按下中断键（通常是 Ctrl+C 组合键）时，引发该异常。

MemoryError

可恢复的内存不足错误。

ModuleNotFoundError

import 语句找不到模块。[①]

NameError

在本地或全局命名空间中找不到名称。

NotImplementedError

未实现的功能。该异常可以由需要派生类实现某些方法的基类抛出。RuntimeError 的子类。

OSError

操作系统错误。主要由 os 模块中的函数引发。以下异常是它的子类：BlockingIOError 、 BrokenPipeError 、 ChildProcessError 、

---

① ModuleNotFoundError 是 ImportError 的子类。当 import 语句加载模块遇错时将抛出 ImportError，这个错误不一定只是找不到模块。在这里，作者只是对 ImportError 和 ModuleNotFoundError 这两个异常类略略而过，言之不详。——译者注

ConnectionAbortedError、ConnectionError、ConnectionRefusedError、
ConnectionResetError 、 FileExistsError 、 FileNotFoundError 、
InterruptedError 、 IsADirectoryError 、 NotADirectoryError 、
PermissionError、ProcessLookupError、TimeoutError。

OverflowError

整数值太大而无法表示，由此产生的异常。此异常通常仅在将大整数值传递给某些
对象时才抛出，这类对象的内部实现依赖固定精度机器整数。例如，如果指定超过
32 位大小的起始值或结束值，则 range 或 xrange 对象可能会出现此错误。它是
ArithmeticError 的子类。

RecursionError

超出递归限制。

ReferenceError

在底层对象被销毁后仍访问其弱引用产生的异常（参见 weakref 模块）。

RuntimeError

任何其他类别均未涵盖的通用性错误。

StopIteration

抛出该异常，以标志迭代结束。这通常发生在对象的 next()方法或生成器函数中。

StopAsyncIteration

抛出该异常，以标志异步迭代结束。仅适用于 async 函数和生成器的上下文中。

SyntaxError

解析器语法错误。实例具有 filename、lineno、offset 和 text 特性，可用于收
集更多信息。

SystemError

解释器的内部错误。值是指示问题的字符串。

SystemExit

由 sys.exit()函数抛出。值是一个整数，表示返回码。如果需要立即退出，可以使
用 os._exit()。

TabError

tab 使用不一致。在使用-tt 选项运行 Python 时产生。SyntaxError 的子类。

TypeError

当操作或函数应用于不适当类型的对象时发生。

UnboundLocalError

引用了未绑定的局部变量。在函数中，如果在变量定义之前引用了变量，则会发生此错误。它是 NameError 的子类。

UnicodeError

Unicode 编码或解码错误。ValueError 的子类。以下异常是它的子类：UnicodeEncodeError、UnicodeDecodeError、UnicodeTranslateError。

ValueError

当函数或操作的参数类型正确，但参数值不合适时抛出该异常。

WindowsError

在 Windows 上系统调用失败时产生该异常。OSError 的子类。

ZeroDivisionError

除以零。ArithmeticError 的子类。

10.3　标准库

Python 带有一个相当大的标准库。其中许多模块已经在本书中进行了描述。参考资料可以在网址链接 10 中找到。具体内容在此不再赘述。

下面列出的模块值得关注，因为它们通常可用于广泛的 Python 编程。

10.3.1　collections 模块

collections 模块对 Python 进行了补充，提供了多种附加容器对象，帮助处理数据。例如，双端队列（deque）、自动初始化缺失项的字典（defaultdict）和列表计数器（Counter）。

10.3.2　datetime 模块

在 datetime 模块中可以找到与日期、时间及其计算相关的函数。

10.3.3　itertools 模块

itertools 模块提供了多种有用的迭代模式——将可迭代对象链接在一起、迭代乘积、排列、分组，以及进行类似的操作。

10.3.4 inspect 模块

inspect 模块提供的功能可以对代码元素（例如，函数、类、生成器和协程）的内部进行检视。装饰器和类似功能的定义函数通常将其用于元编程。

10.3.5 math 模块

math 模块提供常用数学函数，如 sqrt()、cos() 和 sin()。

10.3.6 os 模块

在 os 模块中，可以找到与主机操作系统相关的低级功能——进程、文件、管道、权限和类似功能。

10.3.7 random 模块

random 模块提供与随机数生成相关的各种功能。

10.3.8 re 模块

re 模块通过正则表达式的模式匹配来处理文本。

10.3.9 shutil 模块

shutil 模块用于执行与 shell 相关的常见任务，比如复制文件和目录。

10.3.10 statistics 模块

statistics 模块提供常用统计值的计算功能，比如，平均值、中位数和标准差。

10.3.11 sys 模块

sys 模块包含了与 Python 自身运行环境相关的各种特性和方法，包括命令行选项、标准 I/O 流、导入路径和类似功能。

10.3.12 time 模块

time 模块提供与系统时间相关的各种功能，比如获取系统时钟的值、休眠以及经过的 CPU 秒数。

10.3.13 `turtle` 模块

Turtle 作图。孩子们快乐作图的神器。

10.3.14 `unittest` 模块

`unittest` 模块为编写单元测试提供内置支持。Python 本身就使用 `unittest` 做测试。但是，许多程序员更喜欢使用第三方库（例如，`pytest`）进行测试。这点作者是同意的。

10.4 最后的话：使用内置功能

当下，Python 社区已经拥有了无数的第三方包，程序员在处理日常小问题的时候，也常常会寻求一些第三方包的帮助。然而，Python 长期以来一直拥有一系列非常有用的内置函数和数据类型。很多时候借助标准库模块，大量常见的编程问题就可以得到完美解决。如果有选择，请将标准库作为首选方案。